攻薪計

不想傻傻領低薪，就必須有點小心機

Salary
Increase
Plan

楊仕昇　柳術軍　著

個人素養＋把握市場行情＋善用談判技巧→薪資UP！

物價越來越高，什麼都漲唯有薪水不漲？
摳摳太少日子難過，主動開口又怕成為老闆眼中釘？
—— 出來社會走跳，胸無半點城府怎麼行？

崧燁文化

目錄

目錄

第三章　百態人生攻「薪」為上

第四章　薪資高低完全取決於頭腦

第五章　額外「薪資」多爭取

第六章　行進在加薪的隊伍裡

第七章　越跳越高，加薪跳槽有訣竅

第八章　「高薪」該怎樣去愛你

第九章　不可拒絕的「薪資」之癢

目錄

前言

　　高薪是每個人都夢寐以求的事情，但是，如何才能獵取高薪，卻未必是每個人都能做得到的。也許有人會說，能力強才可以獲得高薪。可是就這簡單的一句能力強，很少人有這種能力，這就是一本教你「如何才能獲得高薪」的實用手冊，認真讀過之後，必定會使你的生活有一個全新的變化。

　　知識改變命運，職業昭示未來。在社會越來越能夠保障個人職業選擇的今天，許多人有了更多目標。到最有發展潛力、到最有「錢」途的地方，已是他們不懈的追求。在今天，收入的高低已成為人生價值的一種表現，成為事業成功的一種標誌，幾乎每一個走上職場的人都始終抱著一個夢想：獲得一份能實現自身價值、收入豐厚的工作！獲取最高的薪資，是每一個上班族的努力方向；優厚的薪資待遇，不僅意味著個人生活的改善，也是個人價值的一種表現。

　　要想獲取比平均水準高的薪資，既取決於個人的素養，比如學歷和工作經驗，也取決於對職位、薪資市場行情的了解，還取決於對薪資談判技巧的運用。因此，我們只有知己知彼，才能為自己定出一個準確、合理的價位，才能在談判中充滿自信，從而獲得理想的薪資。

　　要知道，一個人薪資的高低與其能力、影響、表現、貢獻等方面息息相關。在當今社會，取得高薪的，必定是具有廣泛專業能

力、較強組織能力、良好溝通能力和出色創新能力等綜合素養的複合型人才，也一定是通曉國際經濟「遊戲規則」、具備跨領域文化能力和國際觀，同時具有資訊交流能力的「國際人」。

有誰不想獲得加薪和高薪呢？對工作兢兢業業、盡職盡責，為的是能夠獲得加薪、升遷的機會；即使想在公司證明自己的實力，也得透過加薪和晉升來展現。其實很簡單，只要個人能力和貢獻讓老闆認為你是公司不可或缺的人才，這種願望自然就能順利實現。說得明白一點，薪資就是工作能力的價值，如果你不要求老闆加薪，老闆反而認為你能力平庸。然而，要求加薪要把握好「時機」，既要考慮時機和場合，也要講究技巧。無論用何種方法要求加薪都要把握一個原則：讓老闆覺得給你加薪是為了使你更積極努力替公司工作，而不是其他目的。同時，要求加薪並不能只停留在薪資問題上，而應該盡量強調綜合薪資，包括物質條件、精神滿足和發展前景。無論在外商企業或本土企業，人才總是流向綜合薪資高的地方和職位。因此，要將注意力放在升遷上。一般來說，薪資與職位緊密相連，升遷後的薪資也相應水漲船高。如果無法升遷，縱然你如何要求加薪，那也不可能增加多少。所以，斤斤計較於薪資而忽視升遷，也是一種「捨貴保賤」的做法。

本書雖不是點石成金的魔法手指，但足以成為你走向高薪之路的指標，它會告訴你一條條成功加薪的祕訣。不管職場風雲如何變幻，不管競爭如何激烈殘酷，只要你充分挖掘出了個人的能力，你便能找到自己的金飯碗。

第一章

職場風雲，必備獵薪之道

職場兵法：注意薪資談判的細節

　　如今，很多求職者在履歷中都增加了「薪資期望值」這一項，如果參加招聘會，企業在收下履歷時也會問一句：「你的薪資期望值是多少？」那麼，這個期望值究竟如何開？業內專家認為，薪資談判應注重細節。

（一）初次談薪資要注意勞健保扣除後

　　在初次談薪資時，求職者要特別注意的是，人事部門說出的月薪通常來說是包括勞健保前收入。而求職者在談及自己的薪資期望值時，通常指的是到手的收入。這兩者之間有一定的差距，尤其是收入越高，差距越大。所以，在填寫薪資期望值時有必要特別注明。

（二）各種福利不容忽視

　　在供求雙方進行初步了解且有意願後，才會具體談薪資待遇問題。這時，求職者不應只了解純粹的月收入，而要向人事部門了解其薪資架構、發放政策以及各種福利。目前，各類公司的薪資政策差異較大，有的公司雖然月收入相對低，但為員工提供諸多福利；有的公司為留住人才，將一年的收入分成十四個月甚至十五個月來發。這些情況求職者都要綜合考慮，而對於每個職位的描述、薪資範圍標準，求職者在「開價」時一定要慎重。

（三）談薪最好「一口價」

　　在求職者中，存在談薪時一次一個價的情況。一些求職者最初沒有寫下薪資期望值，只是跟招聘人員隨口說了一下，等進入到第二輪、第三輪面試後，因為感覺人事部門對自己滿意度頗高，於是

心裡打起了「小算盤」，在這種心態下，有的求職者開始調高期望薪資。事實上，招聘人員通常會在面試中作筆錄，如果求職者調高期望薪資，招聘人員心裡很清楚，會認為求職者在把職業當做生意來談，對其印象也會大打折扣。

專家特別提醒求職者，一定要調整心態，當初談及的薪資期望值是自己能夠接受的 ── 因為你不可能開出自己都不能接受的薪資，既然能夠接受，那不妨把眼光放遠一點。進入公司後，用業績來向老闆證明你的實力和價值，加薪自然指日可待。

面試中如何談薪資

薪資問題是面試中一個十分重要和敏感的問題，也是面試雙方必然會談及的一個問題。受傳統觀念的影響，過去人們在談及這個問題時都有些欲言又止，羞於啟齒。隨著人才和資訊交流漸漸市場化和普遍化，人們能夠越來越坦然和直截了當的談論薪資問題了。

從本質上說，討論薪資是人才供求雙方的討價還價，但與商品買賣過程中赤裸裸的討價還價有所不同。特別是對求職者來說，如何把握分寸和技巧，對求職的成功與否有著非常大的影響。

由於薪資直接關係到求職者的切身利益，他們對此自然特別關心。但是，在面試過程中，把握討論薪資的時機非常重要。在這個方面，求職者要特別注意：

首先，不要開門見山討論薪資。儘管面試雙方都不會諱言薪資問題，但是求職者一開始就直奔這個話題，容易給人過於斤斤計較金錢的印象，使面試者對你的第一印象大打折扣。

　　其次，最好讓面試者先談及這個問題。按照一般的招聘程序，面試者在對求職者的能力、個性、工作態度等有了一個初步印象之後，會主動向求職者介紹公司的薪資福利待遇情況或問求職者「你期望的薪資是多少？」這時，求職者可以很自然將自己的要求提出來。

　　另外，求職者在提出薪資要求時，要盡量講出實際的期望值。因為，開出的薪資太低，可能會被人懷疑為能力不足；開出的薪資太高，則可能失去競爭的機會。

　　根據筆者的體會，求職者可依照以下幾個參照以確定自己的「心理價位」：

（一）個人的能力、學歷、資歷等。不少公司在確定薪資政策時一般都會留有一定的餘地，以便根據求職者的不同情況而靈活掌握。實際上，薪資的「高」與「低」都是相對的，對招聘公司來說，關鍵是要「人」有所值。

（二）市場水準。雖然目前許多公司在招聘時都沒有「明碼標價」，但是他們在制定薪資政策時的一個重要依據就是行業和市場的薪資水準。求職者可以透過一些管道了解大致的市場情況，目前在人力資源類網站上，人才和市場等都會有定期或不定期的報導分析，當然親朋好友也是很不錯的資訊收集管道。

（三）求職者目前收入水準。從目前工作的公司跳槽到新的公司，求職者總希望拿到比以前多的薪資，這也是人之常情。因此，求職者可能根據目前的收入水準確定相應的「心理價位」的底線。如果求職者對應聘的工作非常在乎，那麼，在討論

薪資的時候就需要有一定的靈活性。因為，即使你開出的薪資條件超出了面試者的預算，但他們如果對你的能力感到滿意，他們可能會問你：「你的薪資要求我們現在暫時無法滿足，我們先給你 OO，你是否接受？」如果你表示接受，你也許馬上就能得到這份工作。

畢業生面試如何談薪

李小姐到某知名企業面試，主考官在確認了她的基本情況後，向她提出了薪資問題。李小姐認為，進入該公司工作是對自己的肯定，自己沒有過多的要求，薪資和該公司職員一樣即可。但主考官提出，月薪是衡量一個員工對自己的評價，必須要有自己明確的認知，不能迴避，如沒有考慮好，可以回去再考慮。李小姐返家後，考慮再三，還是無法確定標準。不能否認，在求職面試時，由於應屆畢業生沒有工作經驗，對人事部門提出的薪資要求或難以啟齒，或支支吾吾，詞不達意，甚至不知道該怎樣談薪資。那麼畢業生面試時該如何談薪呢？

（一）要善於發問

應聘者談薪資是有一定技巧的。第一步是了解對方可以提供的薪資幅度是多少，這裡的關鍵是善於發問，讓對方多講，而使自己了解足夠的資訊。當經過幾輪面試後，面試官會問應聘者：「你還有什麼想了解的問題嗎？」應聘者就可問：「像你們這樣的大企業都有自己的一套薪資體系，請問可以簡單介紹一下嗎？」面試官一般就會簡單介紹一下，如果介紹得不是很詳細，還可以問：「貴

公司的薪資在同行業中的標準是怎樣的？除了薪資之外還有哪些獎金、福利和培訓機會？試用期後薪資的加幅是多少？」等問題，從對方的回答中，你再對照一下市場行情，心裡就有底了。第二步是根據以上資訊，提出自己的期望薪資。如果對自己想提的薪資還是沒有把握，那也可以把問題拋給對方：「我想請教一個問題，以我現在的經歷、學歷和您對我面試的了解，在公司的薪資體系中大約能達到怎麼樣的水準？」對方就會透露給你準備開的薪資範圍。

（二）迂迴戰術求高薪

如果你對該公司開出的薪資標準不太滿意，就可以嘗試用探討式、協商式的口氣爭取更多：比如「我認為工作最重要的是合作開心，薪資是其次的，不過我原來的月薪是 OO 元，如果跳槽的話就希望自己能有所進步，如果不會讓您太為難的話，您看這個薪資是不是可以提高一點？」這時要看對方的口氣是否可以鬆動，鬆動的話則可以再舉出更高價的理由。如果對方的口氣堅決，則可以迂迴爭取試用期的縮短，比如說：「我對自己是有自信的，您看能不能一步到位，直接拿轉正期的薪資，或者把三個月的試用期縮短為一個月？」

（三）額外「薪資」多爭取

很多企業除了正式的薪資以外，都會產生一些獎金、福利等額外薪資，在這方面應聘者就要大膽爭取了。應聘者要注意察言觀色，見好就收，不要過度要求，否則讓對方破例後，到時對方也會以更高的要求來考核你，還可能答應了最後也不兌現。為了保險起見，應聘者最好讓對方在合約上寫明薪資、試用期限、上班時間等，這樣可免去日後口說無憑的糾紛。

　　總之，好的薪資是要靠實力得到的，但多調查和多注意這方面的資訊，使自己在面試前做到對這個職位的大致薪資有個了解，就會使你不至於提太高或太低不切實際的要求，從而失去到手的工作。還有，談薪資關鍵在於充分展示自己的實力，如果公司很認同你的實力，那麼只要你提出的薪資不是高得太離譜，大部分情況下都會成功。

(四) 專家談薪

　　某職業管理顧問中心陳老師：「一個人的薪資是與其能力、作用、表現、貢獻等息息相關的，在人事部門尚未了解你上述情況時，開價過高，難以被人事部門接受；開價過低，吃虧的又是自己。因此你必須知道幾點：除非人事部門已經十分明確表態要用你，否則不要討論薪資；切勿盲目主動提出希望得到的薪資數目；盡可能從言談中了解，人事部門給你的薪資是固定的還是有協商餘地的；面試前設法了解該行業的薪資福利和職位空缺情況。」

　　在協調過程中，如果人事部門要你開價，可告訴他一個薪資幅度。如他一定要你說出個明確數目，可問他願意付多少，再衡量一下自己能否接受。理想的薪資數，應是人事部門和求職者雙方都能接受的，而求職者應表現一定的靈活性。當薪資福利談妥後，最好要求人事部門寫份協定契約，因為有些公司在面試之後，就會忘掉曾答應你的事。

　　目前大公司的薪資制度普遍健全，面試官能和你談到薪資問題，已經是對你工作能力的肯定，你可以大膽提出自己的要求，同時注意結合實際情況。要求太高易引起反感，太低顯得信心不足，要實事求是。具體的標準可以參考同行業的朋友，或請教人才市場

的管理人員，請他們給予指導，只要不是太離譜，公司會和你協商的。

員工滿意度與薪資三大策略的選擇

俗話說「家家有本難念的經」，對每個企業而言，在管理上總是會遇到這樣或那樣的棘手難題，薪資方面表現得尤為突出。在我們眾多客戶中，存在薪資方面諮詢需求的占 80% 以上。特別是對於智力密集型行業，人才是企業的核心資源，薪資方面的諮詢需求就顯得更突出。

由於薪資問題牽涉到每個員工的切身利益，相對敏感，企業往往不願意做出重大調整，即使實施薪資變革的，在過程中企業也往往採取比較謹慎的態度，這使我們的諮詢工作增加了很大的難度。根據以往的經驗，員工滿意度（這裡僅指員工對薪資的滿意度）是薪資體系方案設計，特別是進行薪資策略選擇的重要依據指標，必須高度注意。

這裡所說的員工滿意度是一個比較寬泛的概念，可以反映員工對目前企業薪資狀況的態度。具體來說，員工滿意度一般需要從以下幾個角度進行比較和分析：一是過去和目前的比較，二是內部與外部的比較，三是內部橫向的比較。比較和分析員工滿意度的過程，也是把握員工在薪資方面的心態過程。下面結合具體案例，深入分析如何從員工滿意度的角度來進行薪資策略。

前一段時期，有一家集團公司委託我們提供顧問服務，其中薪資體系調整是一項重要內容。在前期洽談過程中，客戶方多次強調

由於這兩年企業業務獲得長足發展，效益明顯提升，相應的員工收入也得到較大幅度的提高，因此，員工普遍對收入較為滿意，這次需要調整的應更多聚焦於薪資體系中不合理的部分。

然而，在我們實際進場調查研究時，有超過 70% 的員工向我們抱怨有關薪資方面的問題，很多人對目前個人的收入不滿意。與專案前期獲得資訊的重大反差引起了我們的重視，透過後續調查研究問卷的發放，我們有針對性的就員工滿意度問題進行了深入調查。

調查研究問卷統計結果顯示，僅有約 15% 的員工對目前個人的收入表示非常滿意或相對滿意。進一步深入分析顯示，與前兩年相比，超過 70% 的員工對個人收入的提高表示非常滿意或者基本滿意；與本地區類似企業相比，約 50% 的員工對目前個人收入表示非常滿意或者基本滿意；與公司其他部門相比，僅有約 30% 的員工對目前個人的收入表示非常滿意或相對滿意。

分析結果顯示，員工之所以對目前個人收入的滿意度不高，主要表現在內部的比較上，一線生產人員認為個人收入提高程度與管理輔助部門人員相比，激勵性不足；管理輔助部門人員則認為個人收入與其職位所承擔的責任和工作所做出的貢獻相比偏低。此外，員工（特別是一線生產人員）認為個人收入與同地區類似企業相比，競爭性不強，也影響了員工的滿意度。

同時，我們也進行了相應的外部調查研究，調查研究結果顯示，該公司與當地和周邊地區企業相比，平均收入屬於中等偏上，而與當地和周邊地區的勘察設計公司相比，平均收入屬於中等偏下。

第一章 職場風雲，必備獵薪之道

　　根據上述的調查研究結果和分析，我們與客戶進行了充分溝通，雙方達成一致認知，意識到員工普遍反映出來的滿意度不高的問題，不僅是薪資體系本身存在不合理部分所導致的結果，更多的是員工心態以及價值認同方面的問題，僅僅從技術上解決薪資體系的科學性和合理性不足以解決問題，更重要的解決策略層面的問題，即首先明確薪資的總體定位，選擇合適的薪資策略，然後才能著手建立薪資分配的標準體系。

　　就客戶情況而言，與過去相比，員工對目前收入表現出較高滿意度；與同行相比，員工對目前收入表現一般滿意度。因此，在總體薪資定位上需要進行適當調整，一方面，需要提高薪資水準以加強對外的競爭性；另一方面，提高幅度不應太大以便與以往的薪資政策有充分的銜接。

　　具體來說，企業的薪資總體定位可以採取以下三種策略：

（一）市場領先策略，即企業的薪資水準在地區同行業中處於領先地位，其主要目的是為了吸引高水準人才，滿足企業自身高速發展的要求。

（二）市場跟隨策略，即企業找到自己的標竿企業，薪資水準跟隨標竿企業的變化而變化，始終緊跟市場的主流薪資水準。

（三）成本導向策略，即企業制定的薪資水準主要根據企業自身的成本預算決定，以盡可能節約企業成本為目的，不太考慮市場和競爭對手的薪資水準。

　　根據客戶的實際情況，結合勘察設計公司的特點，我們建議在薪資總體定位上，高級管理人員和核心技術人員採用市場領先策略，一般職能人員和一般生產人員採用市場跟隨策略，而一些簡單

操作類的職位採取成本導向策略。一方面，適當提高總體薪資水準，縮小與同地區標竿企業的差距，強調與市場的接軌；另一方面加強激勵核心管理骨幹和技術骨幹，以保障近兩年公司的發展趨勢，為進一步引進高級人才創造條件。

在薪資總體定位的基礎上，著手建立薪資分配的標準體系。與其他設計公司類似，需要解決一線生產員工和管理輔助人員之間相互比較的問題。這裡，我們提出了對員工進行人員分類，針對不同人員採取不同薪資模式的概念，以樹立新的分配觀念，減少內部的比較。

具體來說，根據總體薪資與企業效益掛鉤程度的不同，可以將薪資結構模型分為三類：

(一) 高彈性薪資模型，即薪資水準與企業效益高度掛鉤，浮動部分薪資所占比例較高。該種薪資模型具有很強的激勵性，員工能獲得多少薪資主要依賴於工作績效的好壞。

(二) 高穩定薪資模型，即薪資水準與企業不緊密效益掛鉤，浮動部分薪資所占比例較低。這種薪資模型具有很強的穩定性，員工的收入非常穩定。

(三) 調整型薪資模型，即薪資水準與企業效益掛鉤的程度視職位職責的變化而變化，這種薪資模型有激勵性又有穩定性。

一般來講，在薪資模式選擇方面，高彈性薪資模型可適用於高級管理人員和生產人員，調整型薪資模型適用於中層管理骨幹，其他人員則適用於高穩定性薪資模型。對與高級管理人員和生產人員而言，增加了彈性空間，強調了與工作績效的掛鉤，也加大了激勵力度；對中層管理骨幹而言，採取了更為靈活的方式，在激勵和保

障之間進行平衡；對其他人員而言，強調了薪資的穩定性，增強其對企業的歸屬感。

在近期對該企業回訪中我們了解到，公司薪資體系的調整工作已經實施了一年多，員工普遍對結果滿意和支持，客戶對我們的工作相當認可，特別是對我們提出的有針對性的調整薪資策略的方案表示肯定，說策略調整後，解決了長期困擾他們的薪資問題。

薪資調查：什麼影響你的錢包

面對薪資條上長長短短的數字，總是有人歡喜有人憂。究竟左右你荷包是鼓是扁的因素有哪些？某人力網實施的一項對三萬九千九百七十九人的線上薪資調查告訴了我們其中的一些奧妙。

（一）英語就是錢

雖然社會上對英語等級考試還有些質疑，但職場中，英語無疑是添薪加碼的一大「法寶」。調查顯示，外語能力越高，其薪資的競爭力也就越強。外語能力「熟練」者的平均年薪比「中等」者多出近一萬六千元。即使與去年下半年相比，外語能力熟練者的平均薪資也有了近五千元的升幅，而外語能力一般者薪資升幅僅為兩千元。難怪有人說：「English is money.」（英語就是錢。）

在網路電信行業工作了八年的吳先生有著豐富的市場和業務流程管理經驗，他認為自己完全具備到外商企業接受重任拿高薪的實力。可由於英語能力有限，再加上對外商企業的文化管理模式不熟悉，雖然投出不少履歷，也經歷了多次的面試，但就是沒有一家跨國大公司聘用他。他不禁感嘆：英語真的是他與理想中的英特爾、

微軟之間，那一道不可逾越的鴻溝嗎？

（二）MBA 薪情不妙

此次調查結果顯示，MBA 的平均薪資仍名列榜首，MBA 的平均薪資接近十五萬元。

薪情看跌，MBA 的心情不知變成了怎樣。但可以肯定的是，對職業特點的理性判斷以及對院校的慎重選擇，確實是每個有志於 MBA 的人士在進行教育投資前需考慮清楚的。

自信對職場狀況頗有研究的王先生認為：「MBA 是高級管理人才，是菁英。既是菁英，就不能多，多了就不值錢了。」一句話道破了 MBA 應該適量存在與發展的道理。

雖然 MBA 經歷了市場上的冷熱沉浮，但無論如何，「知識就是財富」仍被證明是走遍天下的真理。學歷增高，薪資一般也隨之成長。調查顯示，在碩士以下學歷的受訪者中，學歷每高一級，平均年薪就會增加一萬元左右。

（三）「錢途」在何處

調查發現，依靠電信業務高速發展，以及不斷成長的電信服務需求，電信行業的平均薪資在各行業中獨占鰲頭，高出排在第二位的醫療器械行業近 10%。快速消費品（食品、飲料、菸草等）和金融業分別位居第三和第四位。網路行業終於一改前一階段的「疲軟」狀態，一舉上升五級，排名第八。石化、生物製藥、電子、建築房產、家電、電腦、能源電力等也都是高薪熱門行業，而政府、公營事業等平均年薪依然排名靠後。

雖然調查中大部分人對目前的薪資狀況感到不滿足，但人力資源專家依然認為，只要真正做到學有所長，就不用擔心荷包鼓不

起來。

怎麼樣才能告別低薪

低薪者要想擺脫低薪狀況，不妨從以下三個方面努力：

（一）「跳」出一條生路

透過跳槽，精心包裝過去的工作經驗，充分挖掘展示以往工作中的經歷。

對於很多低薪者來說，他們並不是在能力上與高薪者有多大差距。他們往往想透過跳槽來提高自己，但在這過程中，卻缺乏包裝自己過去工作的經驗，充分挖掘以往工作的能力。因此，即便有面試機會，也因不會展示自己的優勢競爭力而與工作失之交臂。

跳槽增值的基礎是跳對方向。只有找對了方向才能真正發掘出競爭潛力。如果僅僅以為核心競爭力就是工作經驗，那就大錯特錯了。如果一個人跳槽的目標與個人職業能力、潛力有偏差，職業生涯將進入死胡同，到時候，什麼證照學歷都救不了你。如果經驗沒有累積到最有效的方向上去，這些經驗不僅無法帶來價值，反倒束縛你尋找新的發展契機的手腳。

（二）彌補那麼一點點

彌補自己的能力缺陷，特別是針對從心中理想職位的要求與自己當前所具備的能力之間的差異入手。

有些低薪者可能與高薪者的差距只有那麼一點點，而這一點點到底在哪裡，他可能自身並不清楚，這就有必要諮詢資深的職業顧問。經過專業的考核和專家的分析、診斷之後，對自己的缺陷和要

努力的方向了然於胸，才能完善自己的能力缺陷。

每種職位都有各自特定的核心要求，並且因為所處企業行業的不同而產生不同的任務結構和職位要求。哪一種類型的職位更適合自己，更能發揮自己的能力和發掘自己的潛力，這需要有一個明確的目標，並根據這個切入目標的引導，錘鍊自己的優勢競爭力，彌補自己的劣勢。

(三)「鍍金」提升邊業價值

用比較權威和有名氣的證照來為自己「鍍金」。正確的「鍍金」方法，會對個人職業價值的實質提升帶來很好的效益。職業價值的提升，將是個人價格整體提升的基礎。

企業對你自身能力的認可，有很大一部分就是透過一些證照來獲得的。透過一些培訓，可以迅速彌補自己能力方面的某些不足，並且為核心競爭力增加養分。但是，證照、學歷等方面的提升必須注重實效性。盲目的職場跟風，可能手捧很多具有市場力度的證照，卻無法獲得具有職場競爭力的職位，更別談理想的薪資了。

證照的實效性，主要是方向的科學性和行動的實效性二者之統一。證照必須與自己正確的發展路線吻合，也必須在適當的環節和時機獲得，否則證照的效益就值得考慮了。

影響個人薪資的五大因素

一般而言，人才的市場「價格」受多種因素制約，其中，五大因素影響人才薪資：

(一) 心理因素。過去很少有人談及這一因素對個人薪資的影響。

但據人力資源的相關理論顯示，心理因素是影響薪資的關鍵因素之一。筆者曾研究過一些企業管理層介紹市場薪資行情，面對市場部分職位的高薪行情，但凡效益好收入高的企業，大多不在乎，而那些效益差的企業，其經營者必定瞠目結舌。即使是效益雖好但從未支付高薪的企業，也會對不斷攀升的薪資行情大驚失色。因此，心理因素，或者說對高薪的反應，是影響人才薪資的第一個關鍵因素。

（二）市場因素。其中有許多小的因素互相影響，包括物價、貨幣、景氣等。筆者認為，人才的稀缺性，亦即資源的供給量嚴重影響薪資水準。例如，過去英語流利的人事經理薪資行情基本在五萬元以上，由於近年大量 MBA 及新生力量的衝擊，導致行情下挫回落。

（三）企業因素。企業的投資組合以及背景的迥異，導致其薪資結構的極大差異。同一個人才，假如能跳槽至相鄰的兩家企業，由於企業投資組合、行業產品附加值不同，即使擔負同樣工作，其薪資也會截然不同，何況企業之間還存在規模、所處地域、管理者許可權的差異。

（四）自身因素。即個人和職位的匹配度或吻合度。即使某人屬市場稀缺人才，企業、產品等均處於理想狀態，但如果和職位匹配性很差（過分勝任或不堪勝任），也會導致其薪資大起大落。

（五）時機因素。選擇最佳時機，即何時從事何種工作，其中大有講究。企業如同生物，也有其「生命週期」，個人則有職業生涯週期。有時候，地利、人和全有了，但時不我待。比如當

年許多人一窩蜂選擇外貿、金融科系，就是衝著那時這些職位收益豐厚，只可惜待大學畢業時，外貿、金融業已是人滿為患，行業也進入「探底」階段。

當然，影響個人薪資的其他因素還很多，有時還含有個人「運氣」因素。但上述五大因素，值得求職者仔細探究。

要獲得高月薪需要遵循哪些標準

要提高個人身價，首先就要找一份好工作，而好工作要遵循兩個標準。第一，要是自己喜歡的工作，所謂自己喜歡的工作，就是充分發揮自己的潛能，並且是跟自己的職業氣質、愛好、價值觀等完全契合的。第二，能保住目前的身價，並且能提高自己身價的工作，就是薪資報酬。

怎樣找到好工作？

要找好工作首先要從三個方面入手：

第一，要了解你是誰，如果不了解你自己，就不會知道什麼樣的工作適合你。

第二，要洞悉你所在的市場，誰將是你的買家，誰能夠購買你的競爭力，以及對這個行業的市場職種和職位要進行分析和了解。往往很多人是沒有足夠的資源和經驗對當下的行業市場及相關職位和發展做出準確的定義，因此就無法把握他的輕重緩急，所以也沒有辦法知道，那麼這樣對自己就有了局限。

舉例來說：如果你是一個人力資源總監，但從未做過 MBO（目標管理），作為人力資源總監來說，在職業市場上就有一個軟肋，

即人力資源總監的核心職能，若無法掌握這些要領，就會變成向上晉升的天然屏障。怎樣得到要領呢？就需要自己即時去打造關鍵競爭力，也就是要知道關鍵職能是什麼。不要去浪費時間進修一些無關緊要的證照，或花很多時間在一些無關緊要的地方工作，如果這個工作是關鍵職能，就要全力打造這個職能的經驗。

第三，要對競爭力有所了解，比如對人力資源總監來說，MBO 是關鍵職能，全力打造在 MBO 方面的經驗，你就有可能贏得市場，晉升到人力資源總監職位，也就贏得了先機和競爭。當然各種職位，因行業因素不同，相關的職能要求也是不同的。在這種情況下，就導致了我們都必須變成職業市場的專家，才能夠找到發展的要領，才能夠武裝並經營好自己，才能夠使自己的職業穩步發展。

如何實現對自身、行業和競爭力的了解？

這個過程當中，我們要告訴大家的方法，就是從三個層面來看，一個是對自身的了解，一個是對於行業、市場的了解，一個是對於競爭力的了解。這三大要素都是我們如何找好工作的三個關鍵點。

明確了對自身、行業和市場及競爭力三大要素的需求後，如何去實現對這些要素的了解？要實現這三個問題，不妨先問自己四個問題：

第一問題：我要的薪資目標是多少？為什麼我能拿到這個薪資？我的關鍵經驗、就職資質有沒有達到我想要達到的薪資目標？相反，如果這些都不清楚，就沒有辦法提煉自己的競爭力，不能將自己最閃亮的地方展示給別人，「知己知彼，才能百戰百勝」，這是

一個關鍵點。

第二問題：了不了解所從事的相關行業？這裡我們所指的相關行業，不是做一行愛一行，而是要對行業有現代化的認知，首先，行業要分為主體行業和細分行業，行業、職位、職種是我們對現代行業的一個認知。

第三問題：要精明盤點手頭的資源。所謂的資源是指客戶資源、資訊資源、專業知識的資源、專業技能的資源，這些資源是產生直接價值的關鍵因素。所以資源越多，我們直接性價值就越大；直接性價值越大，企業創造價值的可能性就越大；我們能為企業創造價值的可能性越大，我們的薪資就越高，這是一個資源上的認知。有一些人，他們在自己的面試、跳槽或想跳槽的過程中，往往不能把持好自己，這就是不專業的，其實更重要的是說明你將要為公司創造什麼樣的資源價值，首先你要清楚你自己會做什麼、擁有什麼，你的經驗中肯定有什麼等等。其實，你不光是為企業，同時也是在為你自己整理。

第四問題：高薪的關鍵還要在資本素養上面。從一個盲目的職員，經過職業化的鍛造之後，諸多限制約束了自己原本異想天開的東西，或者是自己的一些個性特徵，把一些不適用於這個工作的特徵都規避掉了。在這個過程當中，越來越常見的是一個適合工作的人，應該具有什麼樣的狀態。其實，我們在這個過程中改變了自己的原生態、去迎合自己需求的過程就是職業化的過程。

外商企業與本土企業中，員工提高職業身價各有什麼特點？

在談到外商企業和本土企業中，員工晉升或提高職場身價有什麼特點時，專業人士指出：在外商企業中，晉升和跳槽是最能夠有

效解決自己身價問題的兩個關鍵法寶。如果在企業內部沒有明確的個人職業規劃，也沒有對自己有一個明確的定位，晉升空間不明確的情況下，選擇跳槽是非常明智的選擇。而在本土企業中，許多企業都有相對應的提高自己身價的流程規範。迅速發展型的本地企業，市場還不是非常確定，對每個人從業的關鍵要領都有明確的要求，在這些企業中，個人能夠清楚把握每個流程，看到管理的每個環節，這樣對於管理就有一個非常好的全面觀。

獲得高月薪都需要具備哪些標準？

專業人士就如何拿到高薪，為職場人士作了幾點建議，指出「以目前市場拿到高月薪，需要具備以下幾點能力：第一，具備管理層級的相關經驗，不僅僅能夠自己做好工作，還能管好團隊一起工作，並且有這方面的經驗。第二，需要參與企業的經營管理當中去，也就是不僅知道自己的工作該怎麼做，更重要的是知道，我的工作要跟企業的經營策略和市場、產品相結合，而不是關起門來做。第三，有相關的行業資源，對行業產品有相當的經驗和認知，包括有相關的社會人際關係、客戶資源和專業資源。第四，有國際化的專業素養，包括足夠的英語能力和一些職業經理人必要的一些技能。」

哪些因素左右薪資

（一）外貌漂亮的員工薪資高

英國《每日郵報》的報導稱，英國科學家發現，外形英俊的男子比缺乏吸引力的男子，可以找到更好的工作和賺得更多薪資。

倫敦吉爾霍爾大學研究人員 Killings 表示，長相一般的祕書比起漂亮的祕書，收入要少 15%。研究亦發現，被認為是缺乏吸引力的男子比英俊的同事少賺 15%；姿色較差的女子比美麗的同事少賺 11%。肥胖對男性的薪資沒有影響，但女性卻因肥胖受損失，所得薪資比纖細的同事少 5%。該研究訪問了一萬一千人，年齡為三十三歲。

（二）薪資多少與身高有關

英國倫敦一所大學所做的研究發現，身高較高的推銷員賺到的錢比身高較矮的同事多四分之一。調查人員追蹤了一萬七千七百三十三名 1958 年 3 月出生的人，結果顯示，不同人對美的標準是大致相同的。在所有行業當中，身高較高的男人比矮的男人賺到的錢，要多一千到一萬英鎊不等，身高較矮女性平均收入比身高較高女性少 5%。

（三）教育程度直接影響薪資

最近，加拿大統計局的研究報告顯示，具較高教育程度、較高讀寫能力的人通常獲較優厚薪資的工作。報告書指出，讀寫程度對收入的影響極大，大約等於教育報酬的三分之一。該份由經濟學家 David Green 與 Craig Riddell 共同撰寫的研究報告發現，每多接受一年教育，平均年薪增 8.3%。該 8.3% 中，3.1 個百分點，等於增幅的 37.3% 可追溯至讀寫程度。換言之，以平均年薪三萬元作基數，每接受多一年教育可獲兩千四百九十元額外收入，其中九百三十元是因為讀寫程度提高而獲得的。

（四）薪資與經驗對等

《財經》雜誌的一項人才薪資調查顯示：人才的薪資與經驗對

等，經驗多、工作時間長，可獲薪資也多。調查顯示，不同職位對於相關經驗的時間要求各不相同，一般來說，大學以上學歷是普遍要求，除此之外，高級管理人才需要有十二年以上的相關工作經驗，管理人才需要八年以上，而非管理人才則需要五年左右時間。

薪資溝通的七大誤區

和員工相比，公司看似是「強勢」的一方 —— 薪資和獎金都由公司制定和調整，員工似乎沒有很大發言權，只有「接受」或者「離開」兩個選擇。但企業想要有效吸引和留住人才，就必須注意薪資管理。在薪資和獎金的溝通中，應該避免幾個常見的誤區。

（一）缺乏明確的薪資原則

我們知道，任何管理體系都需要具備高度的策略性理念來指導和控制實踐操作，就是所謂的原則或哲學。薪資管理也不例外，它既屬於人力資源管理中操作性較強、務實為主的部分，同時又和吸引、留住、激勵人才等與企業長遠發展的策略目標密切相關。因此，薪資管理需要從策略的高度有前瞻性的規劃與設計薪資系統，以此匹配業務的計畫和組織的發展。比如，公司薪資的市場定位問題是跟著市場按行情給薪，根據員工的資質水準、職位對公司的重要性，還是業績水準和貢獻程度給薪？抑或多個因素綜合考慮？各因素的權重又該如何權衡和分配？這些問題的答案能直接影響到公司在招聘、留人和激勵方面的效果，當然需要公司高層乃至決策層董事會來謹慎規劃和明確設立。

薪資原則或薪資哲學可以涵蓋的內容：是選擇領先、落後還是

跟隨的薪資策略？是側重於吸引、保留還是激勵人才的薪資目標？如何兼顧內部公平性和外部競爭性？薪資的市場定位、薪資的構架、薪資和業績的關聯等等。可以說，薪資的溝通，就從明確、清晰的薪資原則或哲學開始。

（二）口頭解釋足矣

如果薪資或獎金體系不複雜，就不必書面化，簡單的口頭解釋足矣。這種情形在發展中的中小企業裡更為普遍。由於公司處於剛站穩腳跟或初級階段，忙於增產擴銷、開拓市場發掘客戶，人力資源體系尚有待規範系統的設立；又因為企業規模尚小，組織結構簡單而層級較少，常常薪資和獎金制度也相對滯後和簡單。管理層忽略健全和完善合理的分配制度的重要性，往往疏漏書面化、規範化的工作，認為只要發錢時跟員工講一下就可以了。

而這種做法往往會帶給員工不確定和不穩定的感覺：沒有正式的制度，也沒有正式文件，看不到明確的評鑑依據和確切的細節，不清楚下次的考績方式會不會變，不肯定明年還有沒有這獎金，也不曉得上司這次的激勵承諾會不會兌現……如果員工的心裡有這麼多的「不清楚」和「不明確」，而僅僅是老闆心知肚明，那麼錢拿的不明不白，這薪資或獎金的激勵效果也是大打折扣了。所以，薪資和獎金方面的政策資訊是個鄭重的話題，即使複雜程度低也有必要規範化和成文化，還應明確易懂並充分溝通。比如，調薪加薪的原則和流程應該有正規的書面溝通；再比如，獎金發放時，要提供依據，顯示相關的考核和計算的資訊。這樣，員工拿到獎金時，才能夠知其然，也知其所以然，還知道自己以後要達到什麼樣的期望值，獲取什麼樣的報酬。

（三）不談員工的職業發展

講薪資時不談員工的職業發展。大家都知道業績評估和薪資是緊密掛鉤的，所謂 What is measured, gets rewarded. 公司評鑑什麼，員工就會在什麼方面努力，取得公司期望的績效。所以，很多管理人員在和下屬談薪資時都能對其過去的成績評頭論足一番，但僅這樣是不夠的。可能是因為對此有所避諱，不提或少提員工個人發展的話題，似乎討論個人發展就是鼓動員工不安分於本職工作，是違背公司的利益；也可能是管理人員本身不善駕馭相關職業發展的話題，不知如何交流溝通。不管是何種緣由，管理層應該認知到，薪資和獎金不僅是為了「肯定過去」，更是為了「激勵未來」。避而不談員工的個人職業發展是沒有用的，要知道，就算公司不和員工談，員工也會自己「思索」，與其不知道而且無法控制員工肚子裡的「小算盤」，還不如開誠布公和員工一起探討如何共同「激勵未來」，如何在企業的策略目標和員工的職業發展之間尋求一種「共贏」的局面。

（四）會談就是流於形式的套路

由於時間緊迫，談話變成短暫和流於形式的話術。正規的會談一般選在兩類日子：員工加入公司的滿週年日期，或是全公司統一集中在某一天或幾天內。若公司員工人數達到一定規模，顯然採用前一種方式會帶來操作上的繁瑣和費時。多數公司都採用後者，且通常選在公司的一個財年結束後，以便結合公司的上年業績和下年目標進行薪資調整和獎金考核。而這種方式最易帶來的弊端是：在會談的那段時間，主管們的工作量劇增，時間不夠用。這樣，能分給每個員工的注意就比較少，談話內容偏於「標準化」、應付任務

和形式化，於是，溝通的品質就受了影響。

可以採取的對策有：將適用於大眾的部分內容（如：企業和所在部門的全年業績，明年的目標，本次調薪的原則和方案等等）進行標準化和書面化，事先用內部通知等方式「昭告天下」。在此基礎上再和員工個別談話，就可以把更多的時間留給員工個人密切相關的業績評價、薪資獎金情況以及職業發展等內容；同時也便於員工本人提前對談話有所準備，有疑問的可藉機澄清，有建議的可從容提出。如此量身定製、個人化的溝通，才更為有針對性和高效性。

（五）多層上司一起和員工溝通，省時高效

有的企業總經理會親自和每個員工進行一年一度的會談，以示重視和注意。但要對員工的工作成績進行貼切和仔細的評估，只有其直屬上司最適合。譬如，某個基層操作工的談話，就得拉上生產線領班和生產部經理，再加上總經理，一起「三堂會審」。在層層主管的唬人陣勢下，不但員工本人難以暢所欲言，中層的幹部也不敢評論。如此安排，雖然省了時間，但大大犧牲了效果，反而欲速不達。

（六）溝通中員工只做聽眾

有效的溝通都應該是雙向的，會談也不例外，員工不應僅是聽者。不管是員工的業績評價、薪資獎金情況，還是職業發展的內容，員工都有話可講，也應該講。同時，會談還是個上司對下屬進行 coaching 的機會，管理人員不要自己滔滔不絕，而應懂得聆聽，鼓勵員工表達看法和感受，然後給予認可或提出建議，幫助員工持續改進，也自然坦誠的交流員工個人發展的話題。這樣才能建

立起有效的雙向溝通和回饋，既有利於薪資體系的逐步完善，又能增強員工的受重視感和對公司的歸屬感。

（七）告知員工其個人資訊就夠了

現在，企業中各員工的薪資往往是不相互公開的。但對於分配制度、薪資政策的資訊，大家都普遍認可要公開、透明和溝通。那麼，只把和當事人相關的資訊告訴他，是不是就算「充分溝通」了？這裡涉及對「相關」這個概念的判斷和掌握。或許，後勤部門的司機不需要對行銷部主管的佣金激勵方案瞭若指掌，但工作關係密切些的職位之間呢？比如，同在一個業務部門的員工，既有做市場銷售的「前線」員工，也有做客服或行政支援的「幕後」人員。對這兩類職位的員工進行考核的角度、方式、運用的主要績效指標（KPI），和為他們設計的薪資和獎金方案往往是有相當差異的。但這兩類員工同處一個部門，面對共同的客戶，是一起為共同的部門業績目標並肩作戰的「戰友」，那就很有必要讓他們了解彼此的業績考核和薪資方案。

薪資：企業最頭痛，求職者最敏感

薪資在人才市場中不僅是求職者最關心的問題，也是企業最敏感、顧慮最多的問題。

是否應該公開薪資，公開薪資對求職者和企業會造成什麼樣的影響呢？

現代職場中，任何人都關心自己的薪資是多是少。每每親朋好友聚會，難免會互相打聽彼此的薪資。當自己薪資實在少得可憐

時，心裡的滋味的確不好受。特別是發年終獎金時，更是如此，薪資獎金越多，就意味著你的能力越強。對於企業來講，就意味著效益很好，會吸引更多更好的人才。

可現實生活中，有很多效益再好不過的公司，包括國際性的大公司卻明文規定，員工薪資是公司的祕密，員工之間不得相互打聽。這又是為什麼呢？為此，不同層次的職場人士及相關專家都有自己的看法和評價。

薪資應不應該公開？

一家著名企業管理顧問公司高級顧問劉先生認為，薪資公開還是保密對目前許多企業來說都是一個令人頭痛的問題。因為從人力資源管理方面來看，薪資是與員工利益最直接相關的、員工最能感受到公平與否的問題，如果企業在這個問題上處理不當，不是打擊一兩個員工積極性的問題，而是影響企業形象、企業文化的深層次問題。

劉先生稱，任何老闆都希望用最低的薪資吸引最有能力的合適員工，員工則都希望得到最高的薪資以表現自身的價值。勞資雙方永遠存在著這樣一種矛盾：老闆和員工都認為自己在薪資方面吃了虧。矛盾引發的結果是，老闆對員工（特別是高薪員工）的期望值越來越高，最終採取「減員增效」措施；而員工對老闆提高待遇的期望值同樣也越來越高，由此產生永無止境的「人才大流動」。這樣的結果是勞資雙方都不想看到的，於是，很多企業（特別是那些自認為競爭力不強的企業）就明文規定員工薪資是企業的祕密，員工不得打聽別人的薪資，也不能任意公開自己的薪資。

某知名合資公司人力資源部經理表示，員工薪資保密制度有多

方面的好處：

（一）能給管理者更大的自由度，他們不必為所有的薪資差異做出解釋。還有一個難題是，當企業需要借助外部人員的幫助時，通常需要出不斐的薪資才能「請神」入駐，一下子比其他人高出幾倍甚至十幾倍，不保密能行嗎？

（二）儘管員工有了解企業薪資情況的知情權，但知情權不能片面理解，它並不意味著對企業所有情況的了解和掌握。從公司角度來講，我們力求使職位透明化，員工被錄取之前我們會詳細說明公司所能支付的薪資。由於公司是按能力付酬，同一職位由於員工能力的不同，薪資待遇會不同。而一旦將薪資公開，員工就會認為不公，沒有做到同工同酬。這會加大公司人才的外流，不利於公司和人才的穩定發展。而保密的好處就在於「眼不見心不煩」，大家在不知道的情況下會安心於工作。

（三）企業內部的許多工作由於種種因素，很難用來衡量個人的工作業績。如不同銷售區域的經理，由於當地消費水準、銷售基礎的差異，很難確保薪資制度的公平性，而保密的薪資制度可以迴避這個敏感問題。此外，如果業績評估體系本身沒有標準化，會把沒有標準化的因素引入薪資體系當中，當沒有標準化在短時期內難以改善時，薪資公開有害無益。因此，一個公平公開的薪資制度首先要求有一個標準化的業績評估體系的支援。

　　實際上，許多員工希望他們的薪資是保密的。特別是收入低和績效差的員工，公開的薪資會使他們難堪，而且收入低於平均水準

的員工占很大比例，任何組織都難以對他們的存在無動於衷。員工享有隱私權，這包括為他們的收入保密。

（一）公開才能公平

從事人力資源管理工作已十年的李先生認為，任何東西只要是暗箱操作都會出現不公。從原則上講，一個公平合理的薪資體系和制度應該是公開的，因為：一個有效的薪資制度不僅要反映每個員工的績效和員工職位的價值，還應該能夠讓每個員工明確自己在企業內部的發展方向。透過薪資的上升通道，反映員工的職業上升通道，使企業內的每個員工都能有職業發展的近期目標和遠期目標，激勵員工為達到目標而不斷付出努力。同時，企業內部不同系列的職業發展道路對每個員工都應該是公開和透明的，保證大家對自己職業生涯發展的選擇權利。

員工正是在不同系列的薪資上升通道的比較和選擇過程中，根據自身的情況，確定自己的職業發展目標的，所以，一個公開的薪資體系能夠使企業和員工得到穩定、可持續的發展。根據激勵理論中的期望理論，當員工認為努力會帶來良好的績效評價從而帶來更多的收入時，就會受到激勵而付出更大的努力。同時，公平理論又告訴我們，激勵不僅受到絕對公平的影響，還受到相對公平的影響。因此，用薪資激勵員工，員工應該了解組織是如何定義和評估績效的，了解與不同績效水準相關聯的薪資水準。

某知名外資企業人力資源部主管王女士認為，公開的薪資制度有利於組織內部的溝通，並有助於培養員工的信任感。我們知道，在實行保密薪資制度的組織，從來也沒有能夠杜絕員工私下討論薪資的問題，而這種私下的討論和交流得到的往往是錯誤的資訊，或

者是被別人欺騙，或者是自欺欺人，正是在這種員工之間的相互博弈過程中，錯誤的資訊就在組織內部傳播，員工的信任感也消失殆盡。

實際上，再保密的薪資制度都不會阻止人們打探別人薪資的好奇。任何時候，總有好事者對打探別人的薪資有著強烈的欲望，通常採取的策略是，在人們放鬆「警惕」時，如午休、閒聊、聚會時分，用不設防、不帶任何目的性的口吻開始發問：「我這個月只領了三萬八千多元，算起來可比上個月少了好幾千塊，你呢？是不是我們公司整體營運出了問題？」特別是作為好朋友，既然人家都賣了一條情報給你了，你怎麼樣也得投桃報李吧！有同感的更加無所顧忌和盤托出，不敢苟同的也會透過自己的例子來論證一二，不管怎樣，或直接或側面的消息都已經透露出來，而後迅速擴散，這樣的保密只能是公開的祕密。既然是這樣，又為什麼不把薪資直接公開呢？

(二) 公開還是保密要視情況而定

專家表示，薪資制度是公開還是保密，還要考慮企業的特殊性。首先，由於傳統觀念的束縛，許多人還較習慣於「大鍋飯」，同時長期受儒家思想的薰陶，導致了「好面子」的特點，不習慣公開接受收入的差距。

其次，本土企業的薪資制度的穩定性和延續性不好，常常難以給員工穩定的期望，薪資保密在一定程度上能夠減少員工由於過高期望而帶來的不穩定。此外，本土企業大多處於改革和創業階段，難以保證薪資制度的穩定性，薪資體系變化比較大。為防止企業難以承受由於薪資體系變化帶來的風險，許多企業選擇了保密的薪資

制度。

　　不同的企業應該根據不同的情況，在薪資支付上注意技巧。公開的薪資制度有利於團隊的激勵，能夠促使團隊成員之間相互合作，同時防止上下級之間由於薪資差距過大而出現低層人員心態不平衡的現象。

　　一名人事技術專家表示，企業和員工之間只是勞動力的買賣關係，作為員工和應聘者沒有權利了解公司的薪資結構，這是公司的機密。薪資結構非常複雜，同一職位薪資有不同的等級，薪資是根據員工的經驗、績效定的，所以公開也只是個大致的範圍。也沒有必要對企業的管理進行干涉，如果強行公開會造成很多弊端。

　　企業薪資在內部也不宜公開，應強調和自己比，不要和別人比。許多員工缺乏隱私觀念，這一點在公營企業尤其明顯。本土企業的員工都要求薪資公開，因為本土企業是全民所有，員工接受不了薪資差距太大，然而拉大薪資差距也正是知識經濟所要求的。

　　因此，專家稱，不管怎麼樣，保密的薪資制度在薪資管理實踐中有其存在的合理性和有效性，但它僅僅是迴避了一些問題，而無法從根本上解決問題，因此，建立公開、公平、公正的薪資體系才是我們的大方向。

薪資路漫漫，其修遠兮

　　面對擴招應屆畢業生就業競爭激烈的大環境，報考公務員、研究生及湧入招聘市場成為應屆畢業生的三大主要流向。應屆畢業生選擇企業首先看重的是薪資，而市區仍然是畢業生就業的首選地

點。對於像電子資訊、英語、法律、機械、土地建設、會計、行銷等科系的應屆畢業生，且具有大學以上學歷者，備受高薪企業青睞。

市中心是外商企業的聚集中心，知名外商企業的招聘資訊一直被應屆畢業生所注意，許多知名外商企業看重剛剛從大學畢業的學生具有活力、創造性，跟得上行業的變革趨勢，能以獨到全新的思考去理解、剖析問題。另外，外商企業還注意應屆畢業生沒有工作經歷，不會受到固定思考模式影響的因素，可以在為期三個月至六個月職前培訓之後，從學生轉變成技術人士或管理人員。不過知名外商企業多在知名大學招攬高水準人才，而相對於一般大學的畢業生，偶有到知名外商企業面試的機會，不僅要通過層層篩選，能否面對外資企業的外籍面試官，更是能否通過面試的關鍵，成功比率也僅為百分之一甚至千分之一，想進入知名外商企業工作也只有望塵莫及。

面對嚴峻的市場競爭環境，本土企業認知到企業價值的標準已不僅僅從財務資產、品牌資產來評估，還包括人力資產，企業的發展需要一批高素養人才來完成，加大了培養、儲備人才力度。高級人才不僅看中薪資、福利、培訓，廣闊的發展空間也是選擇企業的重要因素之一。本土企業的薪資雖比不上外商企業，但進入本土企業作為科學研究人員，可以接觸到許多大工程、大專案，在參與這些專案的過程中可以學到許多東西，而這樣的條件是許多外商企業不具備的。並且本土企業進修的機會也很多，如果做得好，就有機會被送到碩士班學習，甚至出國培訓，也是這些應屆畢業生滿心嚮往本土企業工作的重要因素。對於選擇在非市區就業的畢業生而

言，更看重用人規範、工作穩定、福利制度完善、工作壓力也相對較輕的本土企業。

上市公司一直是大學畢業生趨之若鶩的目標，然而應屆畢業生一般在組織結構中處於中下層，相對這個層級上市公司與非上市公司比較，薪資水準相差不大，甚至特殊職位非上市公司為了吸納、保留人才，反而較高。為什麼畢業生還是對上市公司情有獨鍾呢？首先企業會對沒有社會經驗的畢業生進行正規系統的培訓，讓他們學會如何將知識應用到工作中，為將來融入工作環境打下堅實的基礎。而且對於福利方面，上市公司更具優勢，雖然福利政策一般對於激勵高層比較適用，但每個進入上市公司的應屆畢業生也同樣看重將來的高薪，並且上市公司的股權激勵政策更成為應屆畢業生嚮往的薪資待遇。

非上市公司由於公司性質不同，畢業生薪資起薪點也有所差異，不同的地域更是相差甚遠。應屆畢業生對規模較大的非上市公司也很注意，雖然薪資水準有所下降，但公司招聘門檻較低，壓力較小，且對於特殊職位相對受重視，發展空間較大，也較容易晉升。

總之，無論對於哪種性質的企業，能力、溝通技巧以及個性方面的因素一直是企業招聘的首要條件。此外，潛在的領導能力、學習能力、團隊創新精神、分析歸納能力，也成為外商企業招聘的重要考察點。企業對於知名大學的應屆畢業生仍然青睞有加，畢竟企業還未真正了解職場新人的能力時，畢業證照就是進入企業的門票。

隨著高等教育的普及，大學逐年擴招，畢業生的就業從原來的

供不應求轉變成了求遠大於供。並且，人事部門開始越來越注重招聘人員的工作經驗，所以，2000年後，畢業生就業形勢尤顯嚴峻。

作為畢業生，剛剛進入當前擁擠的人才大集市上求職，在確定自己的起始薪資定位的時候，往往會受到很多因素的影響，如科系、在校組織管理經驗、實習經驗、企業的潛質、發展空間等等。

而作為人事部門，不得不考慮薪資投放風險。從技術層面講，確定畢業生的薪資是件複雜的事，涉及畢業學校、科系、不同地區及當前市場供求關係。一個科系的畢業生供過於求，這個科系的人力資源價值就下降，反之則上升。當然，企業更應認知到，人力資源管理不僅是招聘人才，更是透過合理的起始薪資、培訓等激勵措施，挖掘人的潛質，一味指望「來個空降部隊」是不現實的，自己培訓的人才是最適用的。

其實，大學生的首期薪資不太重要，而且會發現「同系學長學弟」的薪資差距也不明顯。而到工作後的第三年，就會發現，薪資曲線上升陡峭程度開始明顯，這樣的陡峭程度顯示出畢業生在三年中知識和經驗的累積，以及這個行業在市場上的一個發展。正所謂，後積而勃發，據調查，學生在校取得的知識僅占一生中知識的10%，90%是進入企業、社會後取得的。一般來說，畢業三年後，薪資往往會在原來的薪資水準上成長50%至200%。

如何更快讓自己在三年內，薪資取得一個提升？除了懂得在工作中的累積，對自己能力的鍛鍊，更應該清楚認識整個就業市場，因為不同的行業，其薪資水準會有很大的差異。應該說，在就業的第一年內，首先最重要的就是確定未來工作的行業，一個方向的定位。所謂「男怕入錯行」，選擇熱門的行業，對於未來在職場生涯

中的高速發展以及薪資的提升將是基礎的奠定。

　　起始薪資，與漫漫人生中的薪資之路相比，畢竟是短暫的。在企業累積的知識，終究將為就業者贏得體面的薪資。現在人才是流動的，且會加速流動。如果就業者的薪資長期低於績效，完全可能在地區間與企業間流動，甚至流向外商企業。

如何才能得「薪」應手

　　薪資是反映工作能力和績效最直觀的方法之一。薪資的意義除了滿足生活必需、提高生活品質，更表現自身價值和老闆對自己能力的認同肯定。某知名網站曾經以「如何才能得『薪』應手」為題，展開了一場響應熱烈的網路調查。

　　本次調查自網上投放問卷以來，歷時一個月，共收到有效網上調查問卷八千六百七十五份：男性受訪者占 63.1%，女性受訪者關 36.86%；二十三歲至二十九歲年齡層次的受訪者占 41.21%；受訪者擁有大學及以上學歷占 55.32%，專科學歷受訪者占 33.26%；工作年資為一至兩年的受訪者比例為 30.54%，工作年資三至五年的受訪者占 21%，五至八年的為 17.71%；在私人企業工作的受訪者占 39.76%，外商企業工作的受訪者占 26.5%，在本土企業／上市公司工作的受訪者比例為 21.36%，合資／合作企業工作的受訪者比例為 12.82%。

（一）你的薪情還好嗎

　　39.51% 的受訪者反映薪資小幅成長。

　　據調查顯示，39.51% 的受訪者反映和去年相比，薪資水準有

小幅成長；39.44％的受訪者表示和去年相比，薪資水準處於「原地踏步」的持平狀態；有1.13％的受訪者表示和去年相比，薪資有了明顯的成長；7.12％的受訪者反映和去年相比，薪資有小幅下跌；僅有2.81％的受訪者反映和去年相比，薪資出現大幅下滑趨勢。其中反映薪資漲幅明顯的女性受訪者比平均數低1.42個百分點。

從行業來看，電子技術業、建築／設計／裝潢業、媒體／出版業的受訪者表示薪資有明顯成長的要高於其他行業；表示薪資有小幅成長的加工／製造業、貿易業的受訪者的比例高於其他行業；金融業、廣告業、房地產及仲介業的受訪者大多表示薪資持平；快速消費品業、耐用消費品業的受訪者則悲觀一點，反映薪資下跌下滑的人數比例數高出平均數。

從工作年資來看，56.3％的工作年資為三至五年的受訪者表示薪資有了成長，一至兩年的受訪者反映薪資持平的較多，而工作年資為九年以上的受訪者反映薪資持平的最多，表示薪資漲幅明顯的人數比例比平均數要低5.27％！但該年資族群無人反映薪資大幅下滑。看來工作年資越長，薪資的波動表現就越波瀾不驚。

58.07％的受訪者對目前薪資「不太滿意」、「再多都不會嫌多」。

幾乎所有的受訪者對薪資都抱持這樣的觀點吧。因此58.07％的受訪者表示對目前的薪資不太滿意，22.55％的受訪者對目前的薪資很不滿意，僅有0.9％的受訪者對目前薪資「很滿意」。從各行業來看，電子技術業的受訪者表示對薪資「比較滿意」的居各行業之首，而管理顧問業的受訪者對薪資「很不滿意」的比重也是各行業之最。從工作年資劃分，有九年以上工作經驗的受訪者雖然有七

成以上的人表示對薪資「不太滿意」，但對薪資表示「很不滿意的」
的僅有一成多，遠遠低於平均數值。看來大部分工作經驗豐富的受
訪者對薪資的心態逐漸轉變為微有牢騷，但無絕對不滿。

值得注意的是，幾乎近六成的受訪者表示對薪資「不太滿
意」，但同時 62.85％的受訪者表示不會主動向老闆提出加薪，其
中女性受訪者表示「不會」的比例要高於男性 3 個百分點；工作年
資九年以上的受訪者有 70.27％表示「不會」，高出平均值近 8 個
百分點，與此相反的是，有 40.06％的工作年資為六至八年的受訪
者表示自己會主動向老闆提出加薪，高於平均數值 3 個百分點。

（二）面試時，你能否談談「薪」

41.45％的受訪者透過面試獲得薪資標準。

通常來講，如今的企業都各有一套自己的薪資體制，並且大多
企業內都有一條不成文的規定：「不可互相詢問薪資狀況」；那麼，
求職者們又是透過何種管道「知彼」，從而在面試談薪或者加薪的
時候心中有標準呢？據調查顯示，41.45％的受訪者表示在面試時
直接獲得自己的薪資標準，26.73％的受訪者則透過求職媒體獲取
薪資情況，逾兩成的受訪者透過向親友打聽知悉，另外一成的受訪
者則以專業調查機構的資料做到「知己知彼」。

管理顧問業的受訪者透過「專業調查機構」獲悉薪資標準的比
例為 17.89％，遠遠高於其他行業的受訪者，「近水樓台」不可謂不
沾光；交通／運輸／物流業和加工／製造業的受訪者依據求職媒體
資料占的比例高於平均數值。工作年資為九年以上的受訪者透過求
職媒體掌握薪資情況的比重占了 51.3％，其豐富的工作經驗不僅僅
表現在工作上，這個層級的求職者平時就很注意利用現下的資訊手

段時刻注意自己的價值，知己知彼方知「薪」！

51.04%的受訪者始終注意自己的薪資標準。

你是始終注意自己身價的有心人，還是臨跳槽前才去了解情況的抱佛腳之人？據調查，51.04%的受訪者稱「始終注意自己的薪資標準」，18.67%的受訪者會「在面試當天詢問」，16.66%的受訪者「在投遞履歷時附帶注意薪資」，13.63%的受訪者「臨跳槽前才去了解」，看來職場中的有心人占大多數。調查顯示，男性受訪者在「始終注意自己的薪資標準」這一項上比女性受訪者要高出 8 個百分點，而女性受訪者中有 20.38%的人傾向於「在投遞履歷時附帶注意薪資」。年資為一至兩年的受訪者，24.85%的人選擇了「在面試當天詢問」，對於職場新人來說，經驗不足、人脈相對匱乏，因此面試當天的詢問是一條比較直接的獲得薪資標準的管道。而讓人有些費解的是，工作年資為九年以上的受訪者中，27.03%的人選擇了「臨跳槽前才去了解」，這個數位超出了平均數近 14 個百分點。是否工作年資越久，越不願跳槽，從而有不少人在臨跳槽前才去注意自己的身價呢？

47.55%的受訪者面試時會主動提出薪資要求。

據調查顯示，47.55%的受訪者在面試時，「自己主動提出薪資要求」，39.23%的受訪者「等公司開口再討價還價」，13.22%的受訪者「不提，依照公司規定」。男性受訪者在「自己主動提出薪資」這項上要比女性受訪者高出 5 個百分點，而女性受訪者接受「依照公司規定」的比例也超出了平均數值。看來女性求職者在面試談薪時要比男性更被動些。從工作年資上來看，工作年資一至兩年的受訪者中接受「依照公司規定」的比例高出平均數 3 個百分點，在供

過於求的職場大勢下，初入職場的新人有時只能被迫接受一些無奈的選擇；工作三至五年的受訪者表現較咄咄逼人，選擇「自己主動提出薪資要求」的人過半；工作六至八年和工作九年以上的受訪者大多傾向「等公司開口再討價還價」，且接受「依照公司規定」的比例僅分別為 9.57％和 8.11％。看來經過多年職場歷練，這些職場老手已然練就了談薪時的太極推手，絕不會在薪資問題上輕易讓自己太委屈。

　　55.44％的受訪者表示，面試時對薪資不滿就直接走人。

　　面試時對薪資不滿的話，會不會直接走人呢？初看這似乎是個多餘的問題，而從調查資料裡卻可以看出不盡相同的職場狀態。從這次調查的總體資料上來看，55.44％的受訪者表示面試時如果對薪資不滿意「不會進該公司」。從工作年資來看，工作一至兩年的受訪者卻有超過半數的人表示「先進了再說」，就業壓力可見一斑；而工作九年以上的受訪者更是有近六成的人表示會「先進了再說」，看來在我們這個還未完全成熟的職場，年齡是懸在求職者頭上的一把刀。

(三) 老闆，我要加薪

　　38.62％的受訪者表示市場競爭激烈，加薪無望。

　　既然對目前薪資有所不滿，為何眾多求職者不會主動向老闆提加薪？據調查顯示，38.62％的受訪者表示如今就業市場競爭激烈，人才如過江之鯽，加薪無望；29.9％的受訪者認為老闆摳門，說了也白說；16.66％的受訪者看到周圍沒人提，所以自己也不提；14.82％的受訪者怕提了以後，老闆會對自己有壞印象。真是愛「薪」在心口難開啊！有趣的是，抱有「老闆會對自己有壞印象」心

理的男性比例要高出女性 5 個百分點，而女性看到別人不提，自己也不提的「從眾心理」要高於平均數值。從工作年資的劃分來看，工作一至兩年的受訪者擔憂提出加薪後，日後「怕老闆對自己有壞印象」的比重偏高；而工作九年以上的受訪者中有 51.3% 的人表示如今就業市場競爭激烈，加薪無望，所以才對提薪有顧慮，這個比例要高出平均值近 13 個百分點。看來越是老的薑越會審時度勢。

31% 的受訪者認為自己是資深骨幹，要求加薪。

而一旦提出加薪這個問題，就需要有充分的理由說服老闆，同時也為自己打氣壯膽。當調查詢問到加薪理由時，31.05% 的受訪者認為自己是資深骨幹，所以拿的那份薪資必須對得起自身價值；39.71% 的受訪者表示因為工作量加大，但薪資沒同步成長，所以期望加薪；10.16% 的受訪者拿到了可以加薪的技術證照，能力有了提升，要求加薪；9.1% 的受訪者表示進公司時其實就委屈了自己，對當時的薪資不滿；7.9% 的受訪者看到自己拿得比別人少，心理不平衡；僅有 4.6% 的受訪者是因為升遷未漲薪而期望加薪的。男性受訪者中認為「自己是骨幹，要求加薪」的比例要高於平均數，在加薪理由上表現較主觀積極；女性受訪者中因為「工作量加大，但薪資沒加」的比例要高出平均數近 5 個百分點，而認為「自己是骨幹，要求加薪」的比例卻要低於平均數 7.49%，在加薪理由上表現得較客觀被動。

從行業上來看，管理顧問業中，認為「自己是骨幹，要求加薪」的人群占到 42.28%，高出平均值一成還多。而金融業、貿易業和建築／設計／裝潢業的受訪者因為拿到專業證照，要求加薪的人群比重要高於其他行業。就現實來看，這些行業有不少專業度高

的證照，的確是薪資談判時的黃金砝碼。按工作年資劃分，工作一至兩年的受訪者中「進公司時就對薪資不滿」的人群比例高出平均數5個百分點，在現下「先就業後選擇職業」的大局下，不少剛踏入職場的年輕人被迫接受了不到自己心理價位的薪資，並且大多人表示「工作量加大，但薪水沒加」，所以才要求加薪。工作六至八年的受訪者有近四成人認為「自己是骨幹，要求加薪」，其比重超出平均值8個百分點。這個工作階段是職場資深人員修練成型之時，且正是躊躇滿志，自信滿滿的職場豐收日，因此該階段的受訪者在加薪理由上更積極、自信、主動。而工作九年以上的受訪者有10.81%的人表示「升遷了，但薪水沒漲」，高出平均數6個百分點，而因進公司時其實就對薪資不滿才提出加薪的人少之又少，看來職場資深人士在跳槽時一般不會在薪資上委屈了自己。

31.53%的受訪者提加薪時「鎮定自若」。

向老闆提出加薪後，心理上是會忐忑不安呢，還是會「既提之，則安之」？31.53%的受訪者表示自己會「鎮定自若」，敢提加薪，勢必有充分的理由，所以自當氣定神閒；27.3%的受訪者表示會「隨遇而安」，反正都提了，加不加是老闆的事，泰然處之；22.52%的受訪者還是會「忐忑不安」，畢竟這是個很現實的問題，不知老闆會不會對我有看法；15.47%的受訪者「理直氣壯」提出加薪，本該就是我的，我只不過是要回自己的那份；也有3.18%的受訪者是「心血來潮」型，今天好像天時地利人和，不提白不提。女性受訪者中，「忐忑不安」型高於平均數4個百分點，看來女性在提薪這個心理問題上還是有點「七上八下」的；而工作一至兩年的受訪者「理直氣壯」型的就比較少，畢竟經驗少、底子薄；工作九

年以上的受訪者在提薪心理上則呈橄欖趨勢，「理直氣壯」型要遠離於平均數 6 個百分點，而「忐忑不安」型也同樣高出平均數 7 個百分點。不是「老而彌堅」，就是「人老珠黃」，職場資深人士處於「一半是海水，一半是火焰」的兩極狀態之中。

　　與老闆提加薪時是「直說」還是「迂迴」？這是提加薪時不得不考慮的策略問題。據調查，36.2％的受訪者表示會「與老闆直接提」；22.56％的受訪者透過「協力廠商（人力資源部、部門經理、Team Leader 等）」提出；17.39％的受訪者覺得「幽默玩笑的方式」氣氛好些，讓勞資雙方都能找到台階下；6.66％的受訪者「透過電子郵件提出加薪」；有 5.9％的受訪者採用危險性最大的「用跳槽來威脅」；5.41％的受訪者願意「聯合同事提出加薪」；也有受訪者認為「可以在續簽契約時提出加薪要求」；極端的做法是「巴結老闆」，以期加薪，但在八千七百六十五份問卷中，僅有一人選擇這個方法。

　　加薪不成，37.1％的受訪者心理「不受影響」。

　　提不提是我的勇氣，加不加是老闆的決定。既然提薪時「鎮定自若」型和「隨遇而安」型的受訪者占多數，因此向老闆提加薪不成後，心理上「不受影響」的受訪者占到 37.1％，但還是有29.41％的受訪者會感到「失落過大，產生厭職情緒」。表示會「委曲求全」的有 16.6％，「不安」的為 11.52％，「憤怒離職」的僅為5.57％。看來在提薪前大家就早有心理準備，對於失敗的結局大多也能坦然接受。

　　49.96％的受訪者加薪被拒後會「騎驢找馬」。

　　抱著一顆提薪的心，自會有兩手準備。49.96％的受訪者提加

薪不成後,「身在曹營心在漢」,騎驢找馬;也有 35.86% 的受訪者表示會「繼續努力工作,用更好的業績證明自己的價值」;7.22% 的受訪者會「繼續留在公司,等待全體加薪機會」;6.96% 的受訪者一拍兩散,「立刻辭職走人」。工作一至兩年的受訪者表示會「繼續努力工作,用更好的業績證明自己的價值」的比重高於平均數;工作三至五年的受訪者「騎驢找馬」的比重最高,六至八年的次高;工作九年以上的受訪者對「繼續留在公司,等待全體加薪機會」所抱的期望為零,但有 56.79% 的受訪者會「繼續努力工作,用更好的業績證明自己的價值」,高出平均值 20.9%,充分表現出其求穩的心態,「是金子總會發光」,況且,「薑還是老的辣」。從行業來看,建築/設計/裝潢業和廣告業「立刻辭職走人」的比重分列行業前二。

39.44% 的受訪者接受「福利」形式的變相加薪。

如果你是人才,而老闆愛才惜才,就算談薪不成,可能還有其他的解決方案,比如變相加薪。據調查顯示,當老闆提出「變相加薪」時,39.44% 的受訪者願意接受諸如房租補貼、交通費補貼、公用手機電信費用補貼、保險、旅遊、休假等「福利」方案,33.07% 的受訪者傾向「海外培訓或工作機會」,17.52% 的受訪者看重「培訓課程」,只有 7.54% 的受訪者願意接受「公司股票」。工作三至五年的受訪者較青睞「海外培訓或工作機會」,工作六至八年的受訪者則看重「福利」,而工作九年以上的受訪者選擇「福利」這一項更是高達 54%,對「培訓課程」則不怎麼看重,其比例低於平均數值。從行業來看,加工/製造業和電子技術業的受訪者接受「培訓課程」的比重均明顯高於其他行業;管理顧問業、廣告業的

受訪者對「福利」表示欣然接受的居行業前兩位；快速消費品業、貿易業和金融業則看重「海外培訓和工作機會」的受訪者居多。由此可見加薪並不是薪資明細上數字的上升，還有其他方式可以提高自己的生活品質、豐富自己的工作經驗，增加未來求職升遷的砝碼，讓自己的成績和價值得到認可。

薪資雖然與就業市場的榮枯盛衰有著千絲萬縷的關聯，但關鍵在於你是不是企業裡不可替代的奔騰的「芯」。開足馬力，發揮能力，讓老闆看到你的實力，保持良好的心態和充足的幹勁 —— 終有得「薪」應手、職場收穫的一天！

第二章

談薪論道有玄機

教你與私人企業老闆談薪資

(一)私人企業薪資「特色」

知己知彼，百戰百勝。要想跟精明的私人企業老闆談薪資，先得對私人企業薪資發放的特點有所了解。李女士曾在多家外商企業的人事部門工作，經過比較後，她總結出私人企業薪資發放中的一些特點，暫且稱為三大「特色」：

薪資架構不完善、隨意性較大。除去一些明星私人企業，大多數處在創業階段的私人企業在人事管理上還處於比較混亂的階段，一般沒有像外商企業那樣完善的薪資架構，薪資的多少、加薪的時間和幅度等也沒有完善的制度規定。通常來說，普通員工拿多少薪資由人事部門決定，中層以上管理人員的薪資則可能由老闆親自拍板。由於可能存在老闆「一言堂」的情況，薪資的多寡、何時加薪、加多少等都存在隨意性。

月薪較低，年底兌現獎金。相對於外商企業和本土企業來說，私人企業的薪資總體偏低。私人企業的老闆也知道自己支付的薪資在市場上缺乏競爭力，因此，為了防止員工跳槽，很多私人企業都採取了壓低月薪，把獎金留到年底甚至第二年年初發放的辦法，以此來拖住一部分員工，防止員工的流動率過高。

員工間的薪資落差很大。薪資發放的隨意性，導致了另外一個情況，即員工之間的薪資落差可能非常大。譬如，普通行政人員可能每月只拿兩萬五千元，而她的部門經理則很有可能是年薪百萬元，這樣的落差究竟合不合理，不一定有什麼標準，全看老闆怎麼想。

(二) 新員工如何把握談薪尺度

了解了私人企業薪資的一些「特色」，接下來就是薪資談判桌上可以運用的一些技巧了。對於新進私人企業的員工來說，一般有兩次談薪機會：一次是在雙方達成初步錄取意願，準備簽訂契約前；還有一次則是試用期滿轉為正式員工時。兩次談薪的側重點不同，所需把握的尺度也有所不同，不過，需要記住的是，不管何時與老闆談薪資，最重要的是要抓住對方弱點，尋找有利於自己的突破口。

試用期薪資不宜要求過高。剛剛被錄取時，你的個人能力還沒有被老闆看到，為此，在此時的薪資談判中，對試用期階段的薪資要求不宜過高，否則可能對錄取不利。尤其是當你對個人的專業背景不是特別有信心時，可以適當降低一點期望值。

試用期滿後用忠誠打動老闆適當加薪。經過了三個月的試用期之後，假如你的表現贏得了老闆的青睞，被批准轉為正式員工，這時是與老闆討價還價的大好機會。而這次談薪的立足點是以自己過去一段時間裡的優異表現為資本，要求適當加薪。

第一，你可以跟老闆談談自己生活上的困難，比如房租太貴、交通支出過高等等，讓老闆看到你確實有困難，產生同情心，看到加薪的必要性。

第二，要十分自信的告訴老闆，經過三個月試用期的磨練，你完全有能力勝任現在的工作，能夠出色完成公司交代的任務。

第三，別忘記跟老闆分享你個人的職業生涯發展規劃，讓老闆知道你對公司的服務意願，看到你願意與公司一同成長，讓老闆感覺到你是一個有忠誠度的員工，這樣他才會願意在你身上投資。

雖然私人企業老闆非常精明，但只要讓他感覺到你是一個對公司發展十分有用的人才，他就會適當考慮你的加薪需求。

但在私人企業你應注意以下兩點：

1. 提防談判桌上的「糖衣炮彈」

①許以寬廣的發展空間

比如，許諾公司的職位非常有挑戰性，可以讓你負責過去沒有嘗試過的領域、該職位有寬廣的上升空間、公司未來的發展前景非常好等等。很多高級管理者寧願放棄高薪到私人企業工作，大都是中了這一招。

②允諾將來的豐厚薪資

諸如，雖然現在的薪資不高，但只要做滿三年，就能獲得30％的加薪；公司將來可能會上市，到時候會有一定的股份；兩年後的薪資可能有二三十萬元等等。要謹防這些可能是「空頭支票」，因為將來究竟能不能兌現，誰也說不準。

2. 哪些人才在私人企業能拿高薪

一般來說，私人企業老闆不太注重高學歷，而是更看重實做、能力強、有敬業精神和忠誠度高的人。有句話說，私人企業不要博士，要的是「拚命的勇士」。還有一點，必須是個全方位的人，一個人能夠管多方面的工作，且溝通、協調能力強。

最好的薪資談判方法

我們常聽到招聘人談論「應聘人貪欲」的說法。它是如何顯示出它本身內涵的呢？

　　時常，應聘人用含糊的答案來回答酬勞問題。雇主之所以問這個問題，是因為不論答案是否正確，它都能提供在支付問題上的建議。最大多數的公司都想得到一個對於雙方來說都有利的「好數字」。許多時候，候選人往往提出非常不切實際的高薪要求。舉例來說，他們會說，「除非替我增加 25% 或 50% 的薪資，否則我就要辭職了。」他們可能是出於這樣的考慮：如果他們開始的起點高，他們就不怕往下掉了 —— 因為總有一天是會掉下來的。然而，他們可能是錯誤估計了自己在市場上的價格。

　　通常，候選人時常會修飾他們的所得。你將會聽到這種說法，「嗯，我現在每年的薪資是二十萬美元」。然而，當你進一步調查的時候，你會發現，這個人現在的基本薪資只是十四萬美元，加上別的紅利等等他才可以拿到他說的那個數字。

　　另外一種傾向是，薪資往上爬現象。我們和候選人在談論工作標準和酬勞標準哪個更重要的時候，在多數情況下，他們都會說，其他任何因素都比錢更為重要，錢是第三或第四位考慮的重要方面。

　　然而當我們到達談論薪資階段的時候，突然間你會感到，錢對他來說就變成最重要的因素了，別的因素都從「最重要的位置」上跌了下來。而且當他們得到自己的提議時，許多人又突然想得到另一個好處或提議。這就好像是「無處逃離」一樣。

　　嘗試得到所有的酬勞為什麼是如此不受歡迎的事情呢？

　　如果你要求太多、太急，你就會有失去全部交易的危險。我已經看到有些雇主對此感到非常不滿，他們可能已經感到他們被欺騙了。現在，假設你在爭取你想要的事情。一旦你被僱用了，你想要

的東西會比原先的要多得多。對於一個被臨時解僱的人來說，誰最受影響呢？如果你是一個聰明的表演者，那是另一回事，但如果你是在 10:200 的情況下（在兩百個候選人中挑選十人），而且你的要價比其他任何人的都要高的話，那誰會挑選你這種職業殺手呢？或許只有你自己了。

什麼是最好的商議薪資的方法呢？

我們總是推薦，對於公司和候選人來說都應是採取「談判雙贏」態度。什麼是「談判雙贏」方法呢？那就是，對候選人來說，不要試著去欺騙公司；對公司來說，則不要過分降低候選人的要求。假如他們雙方都能相互推動一下的話，那麼他們都會取得各自的勝利，他們也將會贏得他們想要的事情。

「後退」能夠抑制候選人的貪欲嗎？

後退能使問題得到一些調和，確切的說，對於當時失業的候選人來說是有一些作用的。現在大多數公司都感到主管的價格已經下降了。客戶認為，上半年的酬勞和薪資變得非常的膨脹，特別是在技術世界裡，然而現在又回覆到正常了。最機敏的候選人已經認知到了這點。公司是不樂意打破規定的，而且現在市場競爭很激烈，因此，你一定要對這種競爭有較為清楚的認識，不要要求過多、過高。

我們也看到，有些候選人並沒有把自己確有的價值看得很重要，他們也沒有把它看成是能夠接受一個工作的重要成分。他們說，基礎和變數的酬勞是相關聯的一組事物，「如果某物來自資本，那就太棒了；但是，我將不會仰賴它。」

你在當人事經理的時候看見的是什麼類型的態度呢？

　　現在的的確確是一個買主市場。在一年以前，仍然有許多機會可以得到，但是，它並非取決於你的素養因素。當時，客戶會要求我們找一個六人或八人到十人組成的團隊，組織一個經營團隊；然而到了現在，當他們呼叫的時候，給我們的也只是一個或兩個非常特定的搜尋對象而已。

　　大多數的公司正在以真正的選擇方式來僱請職員，他們正在以正確的價格來找尋最合適的職員。通常，他們有許多的候選人可以選擇，而且面談程序也可能是極其精彩的。

　　這個市場創造了一個競爭利益的額外費用。你必須尋找一些方法來使自己能立足，然後，你才需要真正的面談技術來進行談判，這包括良好的行為舉止、恰當的問題以及適當的宣傳和介紹自己。

　　怎樣才能與雇主「和睦相處」？

　　有兩件事情是要注意的。一件是較為明確但又難以達到的，另一件是不明確的。明確的因素是指你是否有可適用的經驗和成就 —— 完成你雇主安排的一切工作。

　　對於這個問題，最好的方法是直接問公司或招聘人是否有好的建議，然後認真聽他們的解釋。如果你正在和雇主說話，就直接請他說出他想要你完成什麼工作。如果你正和一個招聘人說話，就問：「您的客戶需要完成的是什麼？」

　　你沒有很多的時間來尋找這個問題的答案，因此你必須使自己盡快達到目的。一旦你聽到並且了解了他們，你應該就能有效的使自己的技術和成就相匹配。

　　誠實對待自己是否能勝任一項工作是非常重要的。如果你真的不適宜，或你認為自己過分緊張，你仍然有機會獲得成功；但是一

第二章　談薪論道有玄機

定要記住，誠實是重要的，這對你的人事經理或招聘人是個幫助。因為他們不需要對所有的問題都有一個明確的答案，他們也不需要非要認為你是最佳的人選。當他們確實有事情的時候，他們將會記得呼叫你。許多時候人們會問，是否候選人的技術真的與他們所說的一致？人事經理的挑戰是如何在很多候選人中決定他的人選。

不明確的因素是指你製造的「連接」。雇主或招聘人正在找尋一種良好的關係和一種良好的態度，這就是較少的有形資產，但是，他對候選人的形成可能更為主動。如果招聘人或人事經理覺得你身上確有某些有用的東西，或許你富有他們需要的某種工作經驗，他們會對你感興趣的。

候選人時常試著在雇主面前過度宣傳自己嗎？

是的。當你擅長社交往來卻沒有正確經驗的時候，你有時可以將自己放進一種適宜的工作之內來談論它。但過度誇飾自己的能力有可能會使你失去這份工作，這樣你就可能進入一種損壞自己形象的惡性循環之中。

你是否適宜某項工作，這得由雙方來決定。當你沒有錢的時候，說比做更容易，因為你必須賺取錢來償還你下一個抵押貸款，對此你必須做好決定。我們花了許多時間來演練面談的技巧，所採取的方法是詢問候選人他真正做了什麼工作。

一位被問到工作相關問題的候選人能夠給予精確的答案，這就是一個很好的推薦自己的方法。但是，真正好的技術有時又無法表現出來，而沒有技術的人們有時又能使自己表現得很出色。僱用工作不是一門精密的科學，然而，你對兩邊的情況了解得越清楚，你在僱傭關係中就越成功。

怎樣做我才能讓雇主留下深刻印象呢？

詢問相關雇主正在尋求的雇員標準並給予真實的答案，在雇主面前顯示你有能力和良好的態度。透過這樣做，你可能會得到自己想要的機會，並且使這種關係延續。即使一次面談沒有成功，成功也近在眼前了。

你如何看待接受還價的候選人？如果你不介意被操縱的話，接受來自雇主的還價是不會傷害到自己的，但是你得問你自己是否有能力來得到提升。你總是要提醒自己接受公司的還價是否將會影響到你的下一次晉級，而且你是否會成為第一個被臨時解僱的職員。

應該這樣來看待它。如果一家公司給你一個提議，你接受了它，你會感覺如何呢？你會辭去你的工作嗎？你的配偶也會辭掉她的工作嗎？會將你們的房子拿去抵押嗎？然而，當這些事情發生之後，你的公司對你說，「不必介意，我們找到了我們感到更合適的人選，我們不用支付很多的錢給他。」你製造了所有這些變數，因為你把希望都寄託在他們身上。當一個人接受一種工作提議的時候，情況是相同的。雇主和其他候選人結束討論的時候，同樣是將希望寄託在你的身上。要改變你的想法，有時就得對公司缺乏一些正直。在大多數人們的思想中，這樣做是不誠實的。如果你給新雇主一個承諾，那麼你的這個承諾應該是深思熟慮而且是站得住腳的。

一位候選人是否曾經表現出為得目標不擇手段，並且從一開始就直接聯絡你的其中一位客戶？

是的，這種情況時有發生。「不怕死的人做不怕死的事」，然而，完全這樣看待也是沒有道理的。我們用雙贏的方式來與我們的

候選人接觸，而且我們也預期他們也會用同樣的方法來對待我們。因為對於一位候選人來說，用卑劣手段是不明智的方法，沒有一家公司會回應他們的，否則我就會感到驚訝。在極少數情況下，客戶會說：「我們不想碰那傢伙。」他們知道，候選人缺乏正直，我們將會為此付出代價的。

招聘人一起的時候，什麼是不可以做的事情？

正直是非常重要的，不要玩遊戲，不應該有錯誤的資訊；要誠實，要表現出尊敬和有幫助。如果你對招聘人不誠實，那麼你對別人也會同樣的不誠實。大多數招聘人是誠實、正直的，而且他們認為，在面談時不要裝飾自己，將自己真實的一面表現出來是非常重要的。所以這些事情最終將會表現出來。它可能不是發生在這項工作上，但它遲早會發生的。你用什麼樣的方法來對待別人，別人也會用什麼樣的方法來對待你，因此請誠實的對待別人。只有這樣，才會有好報。

應聘者如何看待市場前景？

通常，在這樣一個如此困難的市場裡，要不氣餒是很難的。然而，工作的變動是一場遊戲，你是擺脫不了的。唯一的辦法就是堅持下去，因為只有那些堅持下來的人才能獲得成功。一時的氣餒免不了，但是，你必須盡快從失敗中站起來，迎接新的、更大的挑戰。

找尋一份工作是一種全身心的「銷售」工作，你「銷售」的產品正是你的服務。許多人在銷售的過程中並沒有感到舒服，因此他們是很難將自己「銷售」出去的。在搜尋的過程中，也遇到許多的拒絕，但是，你絕不要把它當成是人身攻擊，這是生意場上的

建議。

對於許多人來說，工作變動可能是一種祝福，如果這種變動來得適當的話，你能從中學習到行銷技術，並且獲得意想不到的收穫。如果沒有意外的話，你將會感激你所得到的一切。

薪資談判 —— 一場乒乓球比賽

這是一個關於薪資談判的遊戲（或者說是比賽），記住這只是一個遊戲（比賽）。我把它比作是一個乒乓球遊戲（比賽），最終目標就是把球打到雇主那邊。

在比賽中你別指望打出一些高難度的，諸如旋球之類的好球，輕而易舉把對方置於死地，你所能做的只能是很輕柔、很客氣把球打到對方那邊。

對上述現象的回答可能是：「你對落球點範圍（職位）所設定的值（薪資）是多少？我確信在這個範圍內肯定能夠找到我所需要的值（期望的薪資）。」

透過查閱可靠的資料可以對工作有充分的了解，然後在進行面試時對工作的薪資水準能有一個好的判斷，並充滿信心。其中可以透過公共圖書館查閱你所需的資料。同樣，在面試時對自己的要求和價值也要有一個充分的認知。

例如，你所應聘職位的平均年薪是兩萬五千至四萬五千美元，但你相信，根據你的經驗和所取得的成績肯定能夠拿到它的上端，也就是四萬五千美元。所以，在面試時你就會感到心裡十分有底，信心十足。

正如文章開頭所說的，大家都明白：在求職的過程中，雇主希望支付的薪資越少越好；而求職者卻是希望越多越好。所以你不得不練習乒乓球，因為應聘談判就像打乒乓球那樣，兩者在遊戲規則上有相似之處 —— 在進行新一輪的比賽之前，必須把對方所打的、所發的球好好捉摸一遍。練習我的乒乓球遊戲將會有豐厚的報酬，我敢打賭！

如何開口與老闆「促膝談薪」

「我的，我的，我的，我的……。」如果加薪能像《海底總動員》裡的海鷗那樣理直氣壯的說出來，也許我們就不用再為和老闆談判而煩惱，事實是 —— 老闆是老鷹，我們是小雞，加薪問題對員工是「理想主義」，對老闆是「現實主義」。

加薪，成了上班族心煩的一件事，為此，某知名網站做了一份有關「如何提出加薪」的調查。

(一)提薪情況一：付出與所得不符

能主動提出加薪要求者，心態積極；覺得自己付出很多，工作態度勢必積極，但你對公司的貢獻真的做得夠多嗎？你能用資料來證明你所謂的「付出」嗎？

對策：日常就應注重累積，除了年終總結報告及日常工作報告，還應將自己對公司的貢獻事無鉅細記錄在案，整理成書面材料，至少自己要能說出自己做了哪些工作。

記錄下你在本職工作外所完成的額外任務以及相關的成果，這些任務為公司帶來多少好處。

忌：使用籠統模糊的字眼說明自己的貢獻。萬一加薪要求被拒，請禮貌的追問老闆自己哪些方面做得還不夠，讓他在了解自己的同時，對自己產生信任，進一步交代任務。這些就是你將來的工作目標和發展空間。

(二) 提薪情況二：薪資無法表現價值

你值得嗎？你真的認為自己是唯一嗎？你做到了「開源」——你為公司創造了多少財富？還是，你做到了「節流」——你為公司節省了多少財富？

對策：盡可能用具體數字證明自己的工作績效或貢獻。例如，談成了哪些專案，這些專案為公司帶來的利潤是多少，為公司縮減了多少成本，生產力提升了多少，商品周轉率增加多少等等。

在公司陷入困境時，如何做出成績。例如，在人力嚴重短缺的情況下完成了哪些專案，在設備不足或是老化的情況下完成了一筆數額驚人的單子，成功化解客戶的刁難而維護了公司形象等等。

忌：除非已經為自己留了更好的出路，否則不要採取跳槽等威脅手段。

如果你在公司屬於 20% 不可或缺的菁英，可以以這個理由提出加薪，你的勝算在於雖然沒有人是不可取代的，但取代你的成本卻可能超過為你加薪的成本。

(三) 提薪情況三：工作量加大，薪水沒加

「你不說我怎麼知道你工作量加大了呢？我看你還是能勝任的嘛！完成得很好很輕鬆啊，咳咳……。」

對策：記錄下你額外的工作任務和所占據的時間；工作量的增加，不一定就代表被委以重任，只有證明自己用更有效率、更有創

造力的方式承擔了分外的工作，才能作為要求加薪的籌碼。

忌：抱著多勞多得的思想希望老闆良心發現。

鼓起勇氣和老闆開誠布公談一談，加薪可能仍是遙遠的夢，但老闆可能會讓你減輕一些工作負擔，至少，讓老闆注意到你在做額外的那些事情；讓老闆知道那個總埋在文件堆後的你的名字，你不再是「小O」或者「O先生」。

（四）提薪情況四：進公司時就對薪資不滿

「當初你自己都接受了，怎麼能埋怨我呢？」

對策：如果老闆不同意加薪，你應該和老闆談一下，怎樣才能加薪，或者是否能以其他方式來補償，比如獎金、休假、交通費等等。

將加薪要求轉化為要求公司給你提供職業發展的機會，例如培訓、轉到更適合自己更重要的工作職位上、要求參與公司較大的專案或者未來發展計畫等等，顯示自己為公司服務的熱忱。

忌：和別的同事或者別的公司的薪資作比較。

如果除了薪資，你對公司各方面都滿意，那就試圖讓自己在公司的作用更明顯一點，跟老闆談薪的目的不僅僅著眼於薪資明細上的數字，更著眼於自己將來的發展。

（五）提薪情況五：收入與同事有差距

「薪資的事情是雙方事先談好的，為什麼當初不吭聲，現在才埋怨？」

對策：說實話，以這條理由談加薪的危險係數較大，成功係數較低。這裡只能提供兩條商談條件：可以嘗試先提出加薪 5%，半年後再要求增加 5%；也可要求老闆給予培訓等其他條件「變相加

薪」。

　　忌：永遠都不要說同事做得不如自己好，甚至乾脆說同事做得不好。

　　以這條理由提出加薪，第一顯示你懷疑公司的薪資制度，第二顯示你懷疑老闆的決策。所以，不妨先懷疑一下自己，為什麼薪水少？如果是自己的能力問題，再接再厲；如果是老闆的問題，那 —— 你該走了。

薪資期望值這樣填

　　無論是參加人才交流會還是上網求職，應聘登記表中，一般有「薪資期望值」一欄。這一欄究竟如何填，困擾著不少應聘者。在人才交流會上，有許多公司對於「薪資」都選擇了面議。聘者張小姐在填寫「薪資期望值」時，先填了「三萬元以上」，猶豫片刻後又改寫成了「兩萬八千元以上」。張小姐說：「薪資期望值填高了，擔心連面試的機會都沒有。所以還不如填低點。」

　　不少應聘者都有和張小姐類似的苦惱。有人以為薪資期望值越高，說明自己的工作能力越強，但又怕人事部門嫌自己「志大才疏」而落聘；填低了則擔心被認為無所追求，胸無大志。

　　人事部門要求填寫「薪資期望值」，主要想考察應聘者對某個行業中某個職位的認知程度。實際上，並非應聘者的「薪資期望值」填低了，實際薪資就低。

　　一般來說對於中層及以下職位的人員來說，在「薪資期望值」一欄中最好是不要填寫具體的金額，因為一般公司都有一套嚴格的

薪資體系，某個職位的薪資標準都有一個上限和下限，薪資水準最低也不會超過最低限，所以對於中層及以下職位的求職者來說，為了爭取面試的機會，最好寫「按公司要求」，這樣既表現尊重公司決策，也避免因盲目填寫而失去面試機會這種情況。另外一種對於高層次人員來說又分為兩種情況，一種是填寫求職登記表的，在「薪資期望值」一欄中最好填寫「面議」。因為對於高級職位來說，薪資的浮動會很大，一般在40％至60％之間，公司主要看個人的實際工作能力來定薪資，雙方透過交流來協商具體的薪資數額；還有一種情況就是，透過獵頭顧問來搜尋人才，對於候選人來說，前期無法與人事部門正面接觸，都是透過獵頭顧問來與雙方進行溝通。

七大要素決定你的薪資高低

了解自己的薪資是如何確定的，對職場新人做好職業生涯規劃是很好的參考。

（一）職位考核不同於職位分析

職場新人通常對「職位考核」存在誤解，以為職位考核是用來了解職位設置是否合理、該選用什麼樣的人到這樣一個職位工作的概念。但事實並非如此，職位考核（Job evaluation）實際是一家公司確定內部薪資管理體系的一種方法。它不是為了招聘而設定的，比較確切的定義是：使用一致、公平的方法，依據職位對組織的整體貢獻，確定職位的相對價值，以便實現薪資管理體系的內部公平性和外部競爭力。很多職場新人對職位考核的理解實際應該是

「職位分析（Job analysis）」，即職位說明書，這個才是與招聘相關的概念。

（二）七大要素決定薪資高低

據某集團人力資源總部前人事經理介紹，現在越來越多的公司採用職位考核的方式來調整薪資標準。但無論是請顧問公司做，還是人力資源部自己做這項考核，所選擇的考核要素以及評估小組的成員都是基本一致的。

職位評價系統通常包括七要素：對企業的影響、任職資格、責任範圍、解決問題難度、監督管理、溝通技巧、環境條件。這些因素大多數和個人素養沒有多大關係，涉及個人能力的只有「任職資格」和「溝通技巧」兩項，總共也只占 24%。因此，決定一個職位在公司重要與否，或者說決定你的薪資高低的是另外五項內容，而評估這五項內容的就是人力資源部組織的職位評估小組。這個評估小組的成員一般包括人力資源、財務、公司副總以及基準部門經理（一般是公司人員最多的部門）和被考核部門主管。這些人要用兩個月甚至更長的時間才能做好公司的職位考核，拿出薪資體系調整的方案，納入所謂的「職位層級圖」。職位層級圖將公司所有職位的薪資按照等級列入一張表中，可以一目了然的知道某個職位（某個人）薪資多少，未來還有多少漲薪空間。

怎樣獲得滿意薪資

每位畢業生在求職時都會關心自己的薪資。由於缺乏經驗，可能對各行業的薪資水準不太了解，這樣求職時可能會過高或過低的

估計自己的薪資。如果不能對自己的薪資做正確的評估，你就無法了解招聘公司的薪資水準是否合適，從而影響自己的決策。下面是評估自己薪資水準時的常用方法和應注意的問題：

（一）薪資評估方法

1. 市場參考價。最近幾年，一些大城市的人才交流中心都進行了各職業的薪資調查，有些地方已經將調查結果公布了出來。留意當地的人才市場參考價，市場參考價一般有一個最低價、最高價和平均價，這些對評估自己的薪資水準非常有幫助。

2. 從過往情況了解和本科系畢業生在畢業時的薪資待遇也非常重要，這些資訊可能對你更直觀、更實用。這些資訊可以向學校負責畢業生調查的部門查詢。

3. 招聘公司的近幾年平均值，人才市場的作用越來越大，每年的薪資水準受市場影響波動很大，所以要了解當前的狀況，向招聘公司詢問薪資是很重要的。這些招聘公司僅限於你有把握應聘上的公司，將這些公司的資訊匯總後可取其薪資平均值，基本上就可以估計出自己的薪資水準。

（二）應注意的問題

科系相同、能力相當的兩位畢業生，在不同的地域、或不同的行業可能會有不同的薪資水準，有時這種差異甚至會很大。這個問題，在評估自己的薪資時一定要充分考慮。

1. 地域差異

由地域帶來的薪資差異顯而易見。高度開發地區的薪資高於開

發中地區，同時，高度開發地區的物價也高於開發中地區，這些都要充分考慮。

2. 行業差異

一般而言，軟體、電信、醫藥等行業的薪資普遍要高些，而紡織、煤炭等行業的薪資普遍要低些，這和一個國家經濟發展的總體趨勢有關。

3. 企業體制差異

一些著名外商機構的薪資可能普遍較高，其次就是股份制的大型尖端新技術的企業集團，資訊產業的中小型技術企業的薪資也比較高。相比之下，一些大型公營企業的薪資水準會低些。有時這些差異非常懸殊，最高和最低可能相差五倍以上。

4. 供需狀況

由於現在畢業生就業市場化程度越來越高，市場的供需情況會立即反映到薪資差異上來。電腦、軟體發展、電信工程等行業由於供需矛盾突出，薪資水準相應提高；此外，如國際貿易等行業由於市場需求量小，薪資會普遍偏低。

應聘時為自己定薪的方法

求職應聘時關於薪資的討價還價可以反映求職者的智慧、才識以及對行業的熟悉程度，但是討價還價的最終目的還是你能否得到一份滿意的薪資。那麼，在應聘求職時該如何為自己定薪資呢？

（一）看行情。一般來說，大多數職位在市場中都會有一個相對公認的薪資價格，人事部門在考慮給你的薪資時，往往首先參

考這些行情價來決定大致的幅度。除非你是被特別「獵」走或「挖」走的，否則一般都不會和這個價格相差太遠。

當然，這些行情價也會因公司的性質、規模大小、行業的不同等而有不同的彈性。比如，同是行政人員，在外商企業和中小型公司，只是簡單打打字的薪資就會相差很遠。因此，在求職前你首先需要做的，就是把你要應聘的職位在同等類型、規模的公司裡的行情價是多少打探清楚。

(二) 看職位可替代性。行情價只是大致標準，弄清楚後，你要做的就是考慮怎樣去討價還價，為自己爭取盡可能多的利益了。在這裡面，你所應聘職位的可替代性大小在很大程度上決定了你討價還價的資本有多少。

職位可替代性越小的（一般來說都是偏於技術性、技能性等方面的工作），還價的資本就越高，你也就可以放心提出自己的要求。如果是可替代性大，沒了你誰都能做的那一種，則勸你還是少還價或是別還得太厲害為妙。另外，職位越高的工作，還價允許的幅度也就越大；反之，職位低的則不要期望能超出行情價太多。

(三) 算算自己的經驗和學歷。工作經驗和學歷在不同的行業、公司裡有不同的分量。如果你要應聘的是管理方面的工作或是技術工種的工作，那麼你擁有的工作經驗將是非常重要的 —— 這也會影響你可能得到的薪資。相反，如果只是非技術工種的一般性員工，那麼你的工作經驗將不會給你太多說話的權利。至於學歷，則要看你的工作對學歷的要求度是多少。比如說在 IBM 這種大公司裡，高學歷被認為代表著高

水準，學歷當然很重要。而對於一些小公司來說，也許他們更情願要一般的實做型人才。所以，自己的經驗和學歷值多少，在討價還價的時候秤一秤，做到心中有數。

此外，面試時你的衣著、態度、談吐等種種具體表現也會影響招聘者對你的打分。在一些公司裡，你的臨場表現甚至決定了你日後薪資的 90%。在面試時發揮出自己的最佳狀態，不但能使你獲得預期的待遇，說不定還會有意外驚喜呢！

以上提供的只是關於薪資的大致演算法，而實際到了市場中，情況往往是千差萬別的。最重要的還是盡可能把要應聘職位的相關資訊了解清楚，同時正確估計自己的能力和水準，保持實事求是的態度，相信這樣做，你就不難為自己找到一份好工作，賺到一份滿意的薪資。以下九個薪資談判的具體要點，供你在求職應聘時參考：

1. 認真對照：根據你自己的人際網路確定自己市值幾何。

2. 組織思想：將你的要求詳細列出來 —— 薪資、保險、職稱、休假，如果你認為合適，還可以加上停車位、旅遊補貼、專業書籍等等。

3. 只說範圍：譬如說，要求薪資在三萬至三萬八千元之間，瞄準中位數。

4. 提前打算：如果第一次面試未能獲取所需要的東西，在面試之後提出將來加薪的要求。

5. 策略考慮：弄清楚最理想的情形是什麼，能夠接受的條件是什麼。要求你想要的東西，但在次要的問題上做好讓步的準備。

6. 積極主動：記住你和雇主都企圖從這次談判中獲得滿意的結果。

7. 開誠布公：一開始就把所有重點說清楚。

8. 從容鎮定：為自己爭取詳加考慮的時間，向對方顯示你的興趣，告訴對方你會在一天時間內給出答覆。

9. 薪資條款：協商清楚所有聘請的條款 —— 基本責任、薪資以及各項備注。

比薪資更重要的

（一）工作固然是為了生計，但是比生計更可貴的就是在工作中充分挖掘自己的潛能，發揮自己的才華，做正直而純正的事情。

一些年輕人，當他們走出校園時，對自己難免抱有很高的期望值，認為自己一開始工作就應該得到重用，就應該得到相當豐厚的薪資。他們在薪資上喜歡相互比較，似乎薪資成了他們衡量一切的標準。但事實上，剛剛踏入社會的年輕人缺乏工作經驗，是無法委以重任的，薪資自然也不可能很高，於是他們就有了許多怨言。

也許是親眼目睹或者耳聞父輩或他人被老闆無情解僱的事實，現在的年輕人往往將社會看得比上一代人更冷酷、更嚴峻，因而也就更加現實。在他們看來，我為公司工作，公司付我一份薪資，等價交換，僅此而已。他們看不到薪資以外的東西，曾經在校園中編織的美麗夢想也逐漸破滅了。沒有了信心，沒有了熱情，工作時總是採取一種應付的態度，能少做就少做，能躲避就躲避，敷衍了事，以報復他們的雇主。他們只想對得起自己賺的薪資，從未想過

是否對得起自己的前途，是否對得起家人和朋友的期待。

之所以出現這種狀況，原因在於人們對於薪資缺乏更深入的認識和理解。大多數人因為自己目前所得的薪資太微薄，而將比薪資更重要的東西也放棄了，實在太可惜。

不要為薪資而工作，因為薪資只是工作的一種報償方式，雖然是最直接的一種，但也是最短視的。一個人如果只為薪資而工作，沒有更高尚的目標，並不是一種好的人生選擇，受害最深的不是別人，而是他自己。一個以薪資為個人奮鬥目標的人是無法走出平庸的生活模式的，也從來不會有真正的成就感。雖然薪資應該成為工作目的之一，但是從工作中能真正獲得的更多的東西卻不是裝在信封中的鈔票。

一些心理學家發現，金錢在達到某種程度之後就不再誘人了。即使你還沒有達到那種境界，但如果你忠於自我的話，就會發現金錢只不過是許多種薪資中的一種。試著請教那些事業成功的人士，他們在沒有優厚的金錢報酬下，是否還繼續從事自己的工作？大部分人的回答都是：「絕對是！我不會有絲毫改變，因為我熱愛自己的工作。」想要攀上成功之階，最明智的方法就是選擇一份即使酬勞不多，也願意做下去的工作。

如果工作僅僅是為了麵包，那麼生命的價值也未免太低俗了。人生的追求不僅僅只有滿足生存需求，還有更高層次的需求，有更高層次的動力驅使。不要麻痺自己，告訴自己工作就是為了賺錢 —— 人應該有比薪資更高的目標。

工作的品質決定生活的品質。無論薪資高低，工作中盡心盡力、積極進取，能使自己得到內心的平安，這往往是事業成功者與

失敗者之間的不同之處。工作過分輕鬆隨意的人，無論從事什麼領域的工作都不可能獲得真正的成功。

事業成功人士的經驗向我們展現了這樣一個真理：只有經歷艱難困苦，才能獲得世界上最大的幸福，才能取得最大的成就；只有經歷過奮鬥，才能取得成功。

（二）工作所給你的，要比你為它付出的更多。如果你將工作視為一種積極的學習經驗，那麼，每一項工作中都包含著許多個人成長的機會。

為薪資而工作，看起來目的明確，但是往往被短期利益蒙蔽了心智，使我們看不清未來發展的道路，結果使得我們即便日後奮起直追，振作努力，也無法超越。

那些不滿於薪資低而敷衍了事的人，固然對老闆是一種損害，但是長此以往，無異於使自己的生命枯萎，將自己的希望斷送，一生只能做一個庸庸碌碌、心胸狹隘的懦夫。他們埋沒了自己的才能，湮滅了自己的創造力。

因此，面對微薄的薪資，你應當懂得，雇主支付給你的工作薪資固然是金錢，但你在工作中給予自己的薪資，乃是珍貴的經驗、良好的訓練、才能的提升、品格的塑造和為他人及社會奉獻的喜悅感。這些東西與金錢相比，其價值要高出千萬倍。

我想誠懇的告誡年輕讀者，當你們剛剛踏入社會時，不必過分考慮薪資的多少，而應該注意工作本身帶給你們的薪資。譬如發展自己的技能，增加自己的社會經驗，提升個人的人格魅力，透過工作實現人生價值......與你在工作中獲得的技能與經驗相比，微薄的薪資會顯得不那麼重要了。老闆支付給你的是金錢，你透過工作賦

予自己的是令你終身受益的「軟黃金」。

能力比金錢重要萬倍，因為它不會遺失也不會被偷。如果你有機會去研究那些成功人士，就會發現他們並非始終高居事業的頂峰。在他們的一生中，曾多次攀上頂峰又墜落谷底，雖起伏跌宕，但是有一種東西永遠伴隨著他們，那就是能力。能力能幫助他們重返巔峰，好好運用人生。

人們都羨慕那些傑出人士所具有的創造能力、決策能力以及敏銳的洞察力，但是他們也並非一開始就擁有這種天賦，而是在長期工作中學習到的。在工作中他們學會了了解自我，發現自我，使自己的潛力得到充分的發揮。

不為薪資而工作，工作所給予你的要比你為它付出的更多。如果你一直努力工作，一直在進步，你就會有一個良好的、沒有汙點的人生紀錄，使你在公司甚至整個行業擁有一個好名聲，良好的聲譽將陪伴你一生。

有許多人上班時總喜歡「忙裡偷閒」，他們不是上班遲到、早退，就是在辦公室與人閒聊、藉出差之名遊山玩水……這些人也許並沒有因此被開除或扣減薪資，但他們會落得一個不好的名聲，也就很難有晉升的機會。即便他們是轉換工作，這種習氣也不會令其他人對他們感興趣。

一個人如果總是為自己到底能拿多少薪資而大傷腦筋的話，他又怎麼能看到薪資背後可能獲得的成長機會呢？他又怎麼能意識到從工作中獲得的技能和經驗，對自己的未來將會產生多麼大的影響呢？這樣的人只會無形中將自己困在薪資明細裡，永遠也不懂自己真正需要什麼。

（三）若一個年輕人在做學徒或職員時，就恪守正直、誠實、自覺、主動、向上的原則，這無疑是為他的未來奠定了最有力的基礎。

祝願年輕的朋友走好職業生涯的第一步。

獲得高起點薪資的六個妙計

雖然錢不是萬能的，但當你在求職的時候，有關薪資的「討價還價」卻是一件十分重要且又必要的事情。以下這六點提議，將會在你謀求高薪職位的時候助你一臂之力。

（一）知道自己真正的價值

協商薪資能否如願的關鍵是有力的資訊，所以在正式與應聘者交談之前，你需要下一番工夫，找出自己極具競爭力的優勢。對此，你要著手做一些相關的調查，從而找出你目標工作的平均薪資。知道這一資訊後，你就要開始周密的分析，這時一定要把自己的學歷、技能、工作經驗等等因素都考慮在內。

（二）在適當的時候談論薪資

如果你對聘用者過早提出薪資的底線，那麼你獲得高薪資的可能性就會變得很小。

但假如公司在其招聘廣告上注明了薪資要求，那麼這就說明此公司在這一方面是有商討餘地的。

如果你的面試是透過網路視訊進行的，那麼你可以藉機禮貌的詢問這一職位的薪資標準。倘若他們在面試中向你詢問期望的薪資，那麼你最好不要直接說出具體的數值，而說一下你對工作內

容、健康福利、獎金、佣金、分紅、進修以及晉升的要求。

(三) 不要虛報你原有的收入

有許多求職者在說自己的薪資時，為了讓未來的薪資能有一個較高的起點，他們通常都會將數字誇大，殊不知這樣做不但不會讓他們如願，反而還會適得其反。因為時下，所有的公司都會對求職者的背景進行十分嚴格的檢核，所以這樣做是有百害而無一利的。

(四) 不要隨口答應或者拒絕一份工作

當應聘者通知你面試成功的時候，無論這份工作多麼的令你滿意，或者是令你沮喪，你都不要馬上答應，或者是拒絕。你應該首先對公司的負責人表示感謝，隨後，你可以再重申一遍你對這份工作以及對該公司的要求，然後告訴對方你需要時間再考慮一下。

過後，選擇好的時機，再選擇得當的方法，讓該公司對你的業績和薪資進行再一次的考績。同時，確保考績的內容包括：健康和福利補助、休假、帶薪假日、進修、提供用車以及其他一些非貨幣的待遇。

(五) 不要擔心自己諮詢的問題過多

只要你表現的謙虛，詢問的問題又很得當，應聘者是不會感到反感的。據調查顯示，許多人事部經理在招聘職員的時候，都會在最高薪資留有一個 10% 至 20% 浮動區域，在一開始的時候，一般的人事經理會先說出最低的薪資底線，以便為求職者留出一個商討的餘地。

如果該公司的薪資是固定的，那麼通常可以從福利、假日等其他方面著手。據相關資料顯示，絕大多數的僱傭者在薪資以外的其他方面都表現得十分通融。

（六）商討的時候懂得適可而止

在與公司的應聘者進行商討的時候，要學會象徵性的提出你的反對建議。當對方表示採納你的部分提議之後，你就應該適可而止，結束商討。

又或者應聘者對你的建議不再回應，同時也不再做任何讓步，那麼你也應該清楚討論結束的時間到了。

在這裡你要牢記一點，那就是在和應聘者討價還價的過程中使用拔河的方法，只會讓對方失去對你的好感，甚至會隨即打消聘用你的想法。

如果你現在正在著手尋找新的工作，希望以上這六個通俗又直觀的建議，能讓你派上用場。

如何獲得好「薪情」

據不完全統計，年齡在二十五至三十歲的職場人士，有 75% 的人面臨「薪」情不佳的問題，那麼如何獲得一份良好的「薪」情？

（一）明白影響「薪」情原因

1. 自身素養：獲取比行業平均薪資更高的薪資，大多取決於個人的素養，比如學歷和工作經驗等。
2. 年齡與經驗：年齡與工作經驗與薪資基本上是成正比的，隨著年齡和工作經驗的成長，薪資水準也層層拔高，通常三十一至四十五歲年齡段的薪資比較豐厚。
3. 膽略和機遇：透過對變換職位前後薪資的調查發現，因自己的膽略和良好的機遇獲得了薪資的增加，占總數的

80％，那些有眼光有遠見的人，不但能賺今天的錢，而且還能賺到明天的錢。

（二）找到好「薪情」途徑

1. 選擇有「錢」景行業：選擇了品牌就選擇了價值，如 IT 領域，同樣的職位，由於企業性質、規模、經營方式等等的不同，待遇大相徑庭，新聞媒介亦是如此。

2. 了解市場「薪」情：你要讓和你談話的人力資源管理者清楚，你是有備而來，要調查各種薪資級別，與別人的薪資進行比較，但要注意職位薪資的地區差異和薪資調查的準確度。

3. 把能力定位同等水準：獲得高薪的一個非常重要的條件，就是將自己定位成公司的核心員工，比其他人擁有更高的水準和業績，當你的工作職位與你的能力不相稱時，可以提出交換職位。

當你的薪資與你的素養能力不相稱時，可以提出加薪要求，但不要以威脅方式要求加薪，在找老闆談話之前，要提醒你是在為自己的未來作打算。

職場上班族攻薪技巧

在職場浮浮沉沉，薪資卻始終停滯不前，這恐怕是不少上班族心中的痛。如果你在人事部的「評鑑排行榜上」一直名列前茅，為什麼不試著向老闆提出加薪，爭取自己應得的利益呢？當然，談加薪事關重大，沒有方法、技巧，結局很可能會與你的願望背道而

馳。下面六點技巧，也許能成為你的有力參考。

（一）單獨約會

進行薪資談判時，不要試圖聯合團體的力量，沒有人比老闆更懂得利用人在利益追求上的私心。幾個人一起去談加薪，領頭的那個往往會成為犧牲品，跟從者倒多少能得到一點實惠。因此切勿帶一個「團隊」前去切磋，一切依靠你自己。

（二）不要比較

許多企業都採用薪資保密的原則，因此與老闆談加薪時，不要與周圍的同事比較。一來，刺探他人的收入違反企業規定，你仗未開打便已經輸了；二來，老闆會覺得你是出於嫉妒才來加薪，反而會忽視你的實力。正確的做法是，你得表現出強烈的自信，擺出自己為公司做出的貢獻，用事實說服老闆。

（三）目的明確

你的目的是加薪，而不是走人，所以一定要含蓄表達出對企業的忠誠。如果傻到揚言「不加薪就走人」，就等著面對難堪的結局吧。

（四）選準時機

談加薪的時機相當重要，可選擇公司大賺了一筆、老闆心情極佳的時候去談，只要明確列出自己出色的業績、勤勉的工作態度、重大的成果和近期接受的專業培訓等，成功的可能性是很大的。

（五）知己知彼

還要弄清業內的行情，如果你的薪資已經處於一流水準，要加薪只能轉行了。其次，要弄清老闆類型，如果他是那種從不主動為員工加薪的老闆，說明他可能有些剛愎自用，最好採取比較迂迴的

加薪戰術，具體方法見下一條。

(六) 迂迴戰術

巧妙的將獵頭公司正以雙倍薪資挖你的消息送進老闆耳朵，如果他還不採取行動，那麼顯然，在他心目中你還不值那麼多。但這也有一定的危險，因為他一旦知道你懷有二心，就會對你心生提防。

第二章　談薪論道有玄機

第三章

百態人生攻「薪」為上

想不賺都難的五大行業

1. 電信業薪資最具優勢

薪資指數：★★★★★

招聘指數：★★★☆☆

入行難度：★★★★☆

①推薦原因

電信的高成長性和行業壟斷性使其一直為絕對的暴利產業，新技術層出不窮讓電信行業的高福利、高薪資、工作穩定的諸多優秀條件會持續下去。

②評論

上個好學校，不如選個好科系。電信等相關科系這幾年一直吃香，可以預見未來，優勢還會保持下去。你所學的專業哪怕和電信沾不上邊，也要想辦法鑽進去。

電信業務無非是設備供應、網路集成、電信產品（路由器等）、終端設備、基地台、核心網路、IP 業務、寬頻業務、收費系統、結算系統等方面，幾大營運商養活了不少中小企業，這可能是你施展的空間。

銷售、研發、高級經營管理人才是電信業缺乏的人才。

2. 汽車業全方位渴求人才

薪資指數：★★★★☆

招聘指數：★★★★★

入行難度：★★★★☆

①推薦原因

利潤大。就目前情況來看，汽車業的行業利潤仍是全社會各行業平均利潤的兩倍。汽車生產業的利潤在 30％以上，甚至高達 35％。而目前全社會的平均利潤率最高在 10％至 15％之間。

潛力大。汽車的價格一再下降，更多的車型可供選擇，使得人們購買私家車的情況更為普及。

收入高。目前汽車業從業人員的收入僅次於手機業和房地產業。某汽車業的一個部門經理表示，最低的年薪可以拿到四十至四十五萬元，最高的年薪可以達到百萬元。

②評論

汽車業在製造、汽配、汽車零部件及汽車保養等領域的人才需求很大。汽車美容師、音響師、維修師等高級藍領以及銷售、行銷企劃相關專業人才也在成為新的亮點。而且不少企業已經開始看重汽車人才的語言能力了。

3. 房地產招聘數量穩居前列

薪資指數：★★★★☆

招聘指數：★★★☆☆

入行難度：★★★☆☆

①推薦原因

房地產行業銷售經理的年薪能達到近百萬，是名副其實的高薪行業。

近年來，房地產、建築行業在人才市場上的招聘數量一直穩居前十位。

看看進入富豪排行榜的大亨們，近半數是做房地產起家，其中暴利可窺見一般。

②評論

房地產是一個靠資源吃飯的行業，房地產市場形成的產業鏈養活了一大批企業和人。

工種多，起薪不一，如果沒有經驗和資源，在房地產裡混，剛開始會很吃力。

對大學生來說，進入門檻不高，肯吃苦才能做出業績。

好科系，如建築設計，拿高薪當然容易。非本科系畢業就做銷售吧，做好了能發大財。

4. 醫藥業薪資增幅達 8% 至 9%

薪資指數：★★★☆☆

招聘指數：★★★★☆

入行難度：★★★☆☆

①推薦原因

目前的製藥企業相當多，由於醫藥市場發展的時間還不長，現有醫療保健企業銷售團隊的規模仍很有限，因此各醫藥企業仍會繼續加強銷售團隊的工作。

據調查，醫藥行業的薪資成長幅度高達 8% 至 9%。而且製藥業公司為員工提供多樣化的福利方案，對年輕的員工提供短期性質的福利專案，對年齡較大的員工加強養老以及醫療方面的福利專案。

②評論

具有行銷或醫藥專業知識技能、團隊意識強的行銷管理專才是製藥企業爭強的目標。同時，研發上對精通醫藥理論知識和具有精湛技藝的操作型、技藝型人才的需求也很大，執業藥師的人才缺口

高達 10%。

5. 管理顧問業 —— MBA 的最佳選擇

薪資指數：★★★★☆

招聘指數：★★★☆☆

入行難度：★★★★☆

①推薦原因

專家認為，管理顧問業進入初步成長期後達到百分之百至百分之兩百，全球經濟環境變化，市場競爭日趨激烈，IT 技術快速發展和本土企業不斷進步，這必然為管理顧問業帶來更多市場機會。

管理顧問業聚集眾多的高學歷族群，大學生很少有發揮餘地，至少為碩士、博士、海歸到處都是，因此拿到名校的 MBA 學位至關重要。

管理顧問業主要靠人才取勝，人力成本非常高。一個合格的顧問在本土的管理顧問公司年薪至少可以拿到五十萬。

管理顧問業往往被稱為 MBA 的後續教育，參與對企業的諮詢過程，接觸複雜的 case，認識接觸行業圈子裡的朋友，對個人將來的發展十分有利，很多人做了幾年顧問後即被企業挖走，進入企業的管理層。

②評論

競爭激烈，業內曾流傳兩年內或提升或走人的說法。進入好一點的顧問公司也不容易，錄取比例通常達到千分之五，要四輪面試，公司一般看重學校名氣。

做顧問，人才流動率高、工作壓力大、競爭激烈，但一旦立足，發展前景極為廣闊。在做決策前，要充分考慮這些因素。

巧問薪資

目前有一種說法，即在選擇職業的過程中，最好不要問自己的薪資，否則可能引起招聘者的反感。其實問題的關鍵在於把握好三個 W：When、Where 和 Why。

在招聘會上，當你遞交應聘資料時，可以不失時機的問一聲：這個職位的收入大約是多少？由於交流會人多嘴雜，招聘者忙得焦頭爛額，很可能在不經意中露出真相。

面試時，在談到工作經歷時，招聘者往往會問你現在的收入情況。你可以在回答對方的問題後，反問一句：這個標準與貴公司相比有多少差距？當然老練的招聘者不會回答準確數字，但是因為有了參照物，他的回答也許會含蓄些。

還有一些招聘公司在面試時會主動問：你期望的薪資大約是多少？此時，你可以退為進提出反問：我願意接受貴公司的薪資標準，不知按規定這個職位的薪資標準是多少？這樣，你不但沒有露出自己的底，反而可能摸清了對方的底。

工程師的薪資應如何定位

現在招聘軟體人才的資訊鋪天蓋地，但是不同企業開出的薪資卻是千差萬別，甚至可以達到十萬元以上。究竟工程師的薪資待遇是如何定位？工程師應當如何確立自己的身價？這都是值得大家探討的問題。

雖然工程師本身的學歷或專長可以有明顯的差別，說到工程師的薪資待遇，卻不是用簡單的分類就能一目了然的，因為人事部門

的實際需求情況和其待遇分配的主觀性就決定了各自待遇的千差萬別。

首先我們應當注意到地域性的薪資差距。從整體來講，本土的工程師待遇低於國外，而工程菁英待遇也大大領先。

就傳統觀點來講，也許學歷的高下在一定程度上影響了工程師的初期就業，但是不論如何，對於人事部門來說，對經驗的看重更勝於學歷，在業內真正重視的是實際的經驗與能力，而學歷僅是入門的一張「名片」。雖然幾乎每個補習班都說拿到某證照就相當於拿到了百萬的年薪保證，但實際工作中的作品才真正能證實自己的價值。也就是說，如果你有工作經驗，證照就很有價值，否則就只是一紙空文。

其實，真正決定薪資待遇的根本因素應該是人事部門的實力和工程師自身的素養。

基礎雄厚的公司對菁英人才有很優厚的待遇，除了高薪之外，還包括住房分配、各類保險金的繳納等。本土企業的薪資待遇雖然明顯低於外資或獨資企業，但是由於本土企業近年來逐步重視軟體人才，所以與普通員工相比，工程師在本土企業中仍能算得上是高薪階層，一般在本土企業中就業的工程師能拿到三萬五千元以上的月薪，資歷深的月薪十萬的也時有聽說，同時享受較好的福利。

和做人的基本道理一樣，工程師自身的綜合素養影響了自己的價值。很多學工程的學生試圖從自己的學歷或所學的語言來確定自己今後能拿到多少薪資，這也有一定的道理，因為程式設計語言的難度和產品範圍在一定程度上也影響工作價值。就臺灣來說，大多數 VC++ 軟體工程師的入門月薪資大約是在三萬五千元左右，幾年

後成為熟練工程師大約在五萬元至七萬元以上。其他類軟體工程師的薪資水準，一般比 VC++ 低一些。不過這不是絕對的，且不同的公司還有差距。

　　一般來說，剛走出校門並且沒有一定開發經驗的工程師，在剛開始的時候對薪資的期望值不要太高，很多工程師甚至有高程證照的工程師在剛工作時也只能拿到三萬多左右的月薪。因為企業對人才的定價已不僅僅看重一紙證照，而是看你在整個團隊中所能發揮的作用。一般沒有資歷的工程師剛進入職位時有一到三個月的試用期，視企業的不同，剛開始的時候試用薪資在三萬元至三萬兩千元左右，當做出一兩個好的專案之後，待遇就會自然水漲船高。

　　在軟體行業中，敬業精神尤為關鍵。可以說默默無聞的程式員工作是相當枯燥並且辛苦的，是否具有忍耐力、快速學習能力、溝通能力以及團體合作精神，是敬業素養的重點。一個好的工程師到哪都是搶手人物，但一個好工程師的背後則需要他拚命工作和學習，有時還要借助於靈感，而靈感來自於經驗的累積和廣闊的視野。現在許多公司都是由一兩個優秀的工程師在支撐，整個公司的業務都會注視著這少數的菁英，薪資也自然會向他們傾斜。即使在同一個公司裡，工程師之間的能力差距所造成的月薪差距會在數千元甚至萬元之多。競爭中永遠是弱肉強食的，要想在待遇上遙遙領先，至少應當具備一直往前跑的阿甘精神。

　　工程師大都是吃「青春飯」的，三十歲以上的已經在逐漸減少，而三十五歲以上的則屈指可數，大部分工程師的黃金歲月是在二十四至二十八歲。因此很多工程師在工作一段時間後就把自己的目標定位在系統分析人員或創業的老闆。

　　面臨新的挑戰和機遇，一個合格的工程師應當具有敬業、靈活、創新、博學等全面優秀的素養。很多工程師抱怨自己待遇不公，但往往忽略了自身的因素，工程師在要求月薪之前，就應當首先考慮自己在所在企業的位置，自己的能力專長是否正是該企業所需要的，能為企業帶來多少產出。當然，初入行業時，也許會因為管理的因素造成不公的待遇，但是當逐漸融入工作之後，對企業以及環境有了一定的了解，就可以根據自己的實際情況理直氣壯的提出要求。同時，由於軟體行業的變動很大，工程師跳槽或離職是常有的事，有時候一些工作職位也不能只注重它的薪資多少，關鍵是看自己能夠得到多大的提高與發展，某些時候，低薪但富有挑戰力的工作也不失為開拓自己以後道路的跳板。

　　老實說，工程師高薪的祕訣無非一個：機遇＋經驗＋靈感。雖然世界人人平等，並且大多數企業都在以高薪吸納優秀人才，但是價值要靠自己創造，每個人都會有自己的位置，這裡讓大家看一個小網路公司的招聘廣告：招聘工程師，要求熟練掌握 VC、VB、JAVA 腳本、SQL Server、Access，月薪包食宿。

　　呵呵，不要沮喪，這只是待遇最低的一種，想拿高薪嗎？那麼，努力吧，首先你應當成為菁英！

將「薪」比心

　　對於總經理和人力資源經理來說，設計與管理薪資制度是一項最困難的人力資源管理任務。如果建立了有效的薪資制度，企事業組織就會進入期望－創新的循環；而如果這些制度失靈，那麼接踵

而至的便是員工的心灰意冷。

有一個國外民意調查組織在研究過往二十年的資料後發現：在所有的工作分類中，員工們都將薪資與收益視為最重要或次重要的指標，薪資能影響人們的員工行為（在何處工作及是否留下）和工作績效。

此外，對薪資和其他外在薪資的抱怨，可能掩蓋員工和所屬組織間關係上存在的問題：如監督管理的狀況、職業發展的機會、員工對工作的影響力和參與等。當出現薪資上的衝突時，總經理們總會得到很多的建議以對局勢進行詳細「診斷」；相反，他們很少相信這些問題可以由人事專家從薪資政策上加以解決。

因此，如何做到讓員工將「薪」比心，讓員工滿意薪資，成為現代企業組織應當努力把握的課題。

（一）提供有競爭力的薪資

為員工提供有競爭力的薪資，使他們一進門便珍惜這份工作，竭盡全力，把自己的本領都使出來。支付最高薪資的企業最能吸引並且留住人才，尤其是那些出類拔萃的員工，對於行業內的領先公司尤其必要。較高的薪資會帶來更高的滿意度，與之俱來的還有較低的離職率。一個結構合理、管理良好的績效付酬制度，能留住優秀的員工、淘汰表現較差的員工，即使這要求公司付出可觀的重置成本。除此之外，企業組織還必須獎勵員工，因為這會使他們以更高的忠誠度和更好的績效為企業服務。

為了保證提供有競爭力的薪資，企業應借助顧問公司的薪資調查和幫助，保證自己的薪資在市場中保持競爭力。

（二）重視內在薪資

實際上，薪資可以劃分為兩類：外在的與內在的。外在薪資主要指：組織提供的金錢、津貼和晉升機會，以及來自於同事和上級的認同。而內在薪資（intrinsic rewards）是和外在薪資相對而言的，它是基於工作任務本身的薪資，如對工作的勝任感、成就感、責任感、受重視、有影響力、個人成長和富有價值的貢獻等。事實上，對於知識型的員工，內在薪資和員工的工作滿意感有相當大的關係。因此，企業組織可以透過工作制度、員工影響力、人力資本流動政策來執行內在薪資，讓員工從工作本身中得到最大的滿足。這樣，企業減少了對好的薪資制度的依賴，轉而滿足和推動員工，使員工依靠內在激勵，也使企業從僅靠金錢激勵員工、加薪再加薪的循環中擺脫出來。

（三）實行基於技能的薪資

基於個人或技能的評估制度，以雇員的能力為基礎確定其薪資，薪資標準由技能最低直到最高劃分出不同級別。基於技能的制度能在調換職位和引入新技術方面帶來較大的靈活性，當員工證明自己能夠勝任更高一級工作時，他們所獲的薪資也會順理成章的提高。此外，基於技能的薪資制度還改變了管理的導向，實行按技能付酬後，管理的重點不再是限制任務指派使其與職位級別一致；相反，利用員工已有技能將成為新的著重點。這種評估制度最大的好處是能傳遞訊息，使員工注意自身的發展。

該制度用來考核研發機構人員和其他專業技術人員很有效，運用該制度可以在一定程度上鼓勵優秀的專業人才安心本職工作，而不致去謀求薪資雖高但不擅長的管理職位，從而組織也降低了失去

優秀技術專家、接受不良管理者的風險。

（四）增強溝通交流

現在，許多公司採用祕密薪資制。提薪或獎金發放的不公開，使得員工很難判斷在薪資與績效之間是否存在著關聯。還有，信任問題也一樣的存在。人們既看不到別人的薪資，也不了解自己對公司的貢獻價值的傾向，自然會削弱這些制度的激勵和滿足功能，一種封閉式制度會傷害人們平等的感覺，而平等是實現薪資制度滿足與激勵機制的重要成分之一。

對於透過努力來獲得薪資的員工來說，必須讓他們相信：只要認真工作，相應的薪資一定會隨之而來。如果組織未能建立信任和可信度，那麼員工對於薪資制度的信任感也將受損。

因此，管理層與員工透過相互交流溝通各自的意圖，開放相關的薪資資訊，如：薪資的變動幅度、平均業績增加和獲得獎金的員工等，可使薪資制度變得更有效。

（五）參與薪資制度的設計與管理

透過國外公司在這方面的實踐結果顯示：與沒有員工參加的績效付酬制度相比，讓員工參與薪資制度的設計與管理非常令人滿意且能長期有效。

參與薪資制度的設計與管理是在薪資的激勵作用減弱時，能夠恢復其作用的一種重要方式。員工薪資制度設計與管理的參與，無疑有助於一個更適合員工需求和更符合實際的薪資制度的形成。

在參與制度設計的過程中，針對薪資政策及目的進行溝通，促進管理者與員工之間的相互信任，這能使帶有缺陷的薪資系統變得更加有效。溝通、參與和信任會顯著影響人們對薪資的看法、對就

薪資制度含義的理解及對該制度的回應。

實現薪資內部公平的四個誤區

「我可以不計較自己賺了多少錢，但我絕不容忍坐在自己對面的人每月比我多拿錢。」這種「不患寡而患不均」的心態普遍存在。你還真別不信，這可不是憑空捏造出來的，而是經濟學家經過多年研究得出的結論。其實這也不難理解 —— 因為在一個組織內部，大家是在相同的環境下工作，個人的努力對組織績效的影響應該更具有可比性。

從影響企業績效因素的角度來看，內部的公平性比外部的競爭性更為重要。所以，只有在制定薪資時將這種差別表現出來，才能對員工形成有效的激勵。正因如此，許多企業都試圖尋求一種科學的方法對個人績效進行衡量並與薪資掛鉤。而在實際操作中，對內部公平的追求卻往往使企業陷入誤區。

誤區一：表現公平性，就要增加變動性收入在個人總薪資中的比重。

企業員工個人年度總薪資基本上由四個部分構成：基本現金收入、補貼、變動收入和福利，其中，彈性最大的是變動性收入。提高變動性收入在員工個人總薪資中的比重，其潛在含義是變動性收入更具有靈活性，可以根據員工個人績效情況適時進行調整，因而其比例的提高更能增加薪資的激勵性。然而，如果你忽略了以下兩點，這種做法的效果就可能適得其反。

一是薪資的保障性功能。如果本企業員工的整體收入水準較

低，那麼薪資保障性功能就更為重要，只有收入相對穩定，才能使員工團隊相對穩定。拋開企業薪資水準的定位，片面強調變動性薪資的激勵性作用是沒有意義的。

二是不同層級員工間變動性收入比重的差異方向應該正確。我們經常看到的情況是，不斷提高基層員工的變動性薪資比例，同時卻降低高層管理人員變動性薪資比例，這種做法很不實際。按現代績效管理的理念，由於企業資源結構的變化，不可分割性資源對企業績效的影響越來越大，而管理層對不可分割資源效率的影響是更主要的，因此他們的收入應與這部分資源的效率相關聯而表現出更強的變動性。相反，基級員工的固定性收入比重應該更大一些。

有薪資調查資料顯示，高科技行業的薪資結構中，隨著層級的提高，變動性收入所占比重是增加的，而快速消費品行業則剛好相反。這說明，並不是所有的企業都能按合理的方向調整變動性薪資比重。

誤區二：要表現公平，就必須用一種正確的方法將員工的工作進行量化，然後依據這種量化的考核結果來確定薪資。

許多企業不惜花重金聘請專業顧問公司設計複雜的考核指標體系，把企業的經營目標透過層層分解的方式量化到每一個人身上，然後根據每個人的指標完成情況來確定薪資。很多人認為這樣做是最公平合理的，但事實上這種方法存在很多問題。

其一，企業的經營目標未必都是可以量化的，事實上許多基於企業長期競爭能力累積的品質性指標越來越被重視，譬如被譽為二十世紀管理理念重大突破之一的「平衡計分卡」，就特別強調企業要追求財務、內部流程、客戶滿意度、學習和發展四個方面指標

的平衡，才能保證企業遠景目標的實現，而這四個方面的指標並不都是可以量化的。

其二，即使一些品質性指標可以透過一定的邏輯關係轉化為量化指標，那麼這一系列的轉化過程就可能已經使指標失真，而且最終往往還要透過打分、考核等方式量化，其結果已經包含了很大的主觀成分。

其三，即使是一些可以直接量化的指標（譬如財務指標），也不可能簡單分解到所有的職位中去，因為不同職位的職能是不同的。

正確的方法還應該是透過職位評價確定職位薪資，對於基層職位，主要根據受聘人員的職責完成情況的考核來確定變動性薪資或實施獎懲，也就是說定性考核為主，定量考核為輔。對一定層級以上的管理者，由於其對公司總體生產經營結果負有決策責任，其工作影響範圍往往也是全方位的，因此，適宜採用量化成分較多、約束力較強、獨立性較高、以最終結果為導向的考核指標，即以定量指標為主、定性指標為輔，定量指標與薪資相關聯。這樣才是更為簡單有效的。

誤區三：經常性的薪資調整能夠提高薪資的公平性。

企業要根據市場和自身情況的變化適時進行薪資調整，當然是正常的，但是如果認為越是經常調整越能保證公平性，則是錯誤的。員工薪資的背後其實包含著員工與企業間諸多方面的約定和承諾，而這些約定和承諾是需要一定的週期來履行的。如果企業不斷進行薪資調整，就意味著單方面修改約定和承諾，這樣會使員工無所適從，企業也難以形成一個公平的標準。有專家認為，正常的

企業調薪每年應在一至兩次，調整頻率過高會導致員工團隊的不穩定。

誤區四：內部收入差距較大是不公平的表現。

許多管理者，特別是本土企業管理者，對於拉開企業內部的收入差距仍然心存疑慮，認為差距較大會增加員工的不公平感。在一次中外人士共同參加的「人力資本價值」討論會上，一些企業主管強調管理層的薪資不能超過一般員工的三至五倍，使得國外的管理專家大為不解。其實，內部收入差距未必是導致員工不公平感的主要因素，但人們並未看到這種差別有多大的負面影響。

事實上，更容易造成不公平感的是企業薪資制度的不明確、不穩定、隨機性，以及在許多企業中大量存在的隱形收入。事實上，越是內部收入差距較大的行業，往往越是具有競爭力且發展較為迅速的行業。有調查顯示，高科技和快速消費品行業的層級間收入差距是很大的，而這兩個行業也恰恰是近幾年發展最為迅速的。所以，企業薪資是否公平，不在於收入差距，而在於薪資制度的明確、合理。

老闆：不要吝嗇您的「精神薪資」

在一些企業中，員工不正常的流動也比較嚴重，跳槽的頻率與比例明顯高於其他職業。其中一個重要因素就是員工找不到歸屬感，除了能滿足工作賺錢這一基本需求外，其他需求很難得到滿足。如何讓員工心甘情願留在企業並發揮出最大的能動性，成為很多老闆們燒腦的事情。在此，不妨給老闆們一個建議：那就是不要

吝嗇你付給員工的「精神薪資」。

　　「精神薪資」是一種「以人為本」的用人理念的表現，也是馬斯洛需求理論在實踐中的具體運用。簡單的說，就是讓員工感到「驕傲」，感到「被尊重」，感到「被重視」。讓員工從工作中得到的不僅是每個月有限的薪資，還要有其他的東西，如：榮譽、自信、尊嚴等。尊重的需要可分為自我價值、他人對自己的尊重和權力欲三類，包括自我尊重、自我評價以及尊重別人。下面是一個簡單的測量題，老闆們可以自我測量一下，如果你在下面的題目中都能自信的說「是的，我就是這樣做的。」那麼恭喜你，你是一個高明的老闆，如果你的回答不那麼自信，則顯示還有改進的餘地。

（一）　對於表現出色的員工，我很願意分享他們的榮耀與成就，而不冷漠對待他們在這方面的權利。

（二）　在開會或團體場合，我會由衷的表揚表現良好的下屬，我的表揚不是敷衍了事，我會根據具體的事情來說明，讓大家信服。

（三）　我對向我提意見或責罵的員工不記恨，而且公開的表揚他們。

（四）　我會給下屬更多的機會出席會議，並給他們機會在會議上發言。

（五）　我鼓勵下屬表達意見，對於他們好的意見或建議，我會記住他的名字，並向相應的部門推薦他。

（六）　每逢大的節日，我會抽出時間來與下屬聚會或聚餐。

（七）　對於人員的考核，我會徵求其他人員或下屬人員的意見。

（八）　我會提供下屬更多培訓的機會。

（九）　對於升遷、福利，我會與下屬商量決定。

（十）　我鼓勵員工承擔更重要的工作，而不是完全按照工作職責辦事。

（十一）我對下屬的承諾會記得很清楚，即使是很小的獎勵，我也不會錯過給予的機會。

　　儘管很多企業大喊「待遇留人」、「感情留人」、「制度留人」，但又有多少企業經營者注意到這些「感情」細節呢？真心希望能給予員工更多的「感情薪資」。

掌握接「高薪繡球」的六個技巧

　　人事部門或獵頭公司向你拋出一份高出現薪資一倍甚至數倍的工作時，相信很少有人能絲毫不為之心動。其實，有這樣的機會說明自己被他人了解和接受，並對自己的價值做出了更高的評估，這是一件好事。但是，對於誘人的高薪繡球，我們還應做好相應準備，做到胸懷坦蕩、處變不驚，以一顆平常心來對待高薪繡球。

（一）了解公司信譽。並非所有的高薪繡球都能接得，我們必須本著對自己負責的態度，了解傳播高薪資訊方的真實意圖及其信譽，並對之做出判斷。如果對方是善意的、真實的，再行考慮；如果對方是虛假的、惡意的，則應果斷拒絕。要提防惡性挖角的陷阱，避免淪為競爭公司打擊原公司的工具，適當的時候，還可以運用法律武器來保護自己。

（二）審視新的職位。高薪繡球後面都對應了一個新的職位，我們應認真審視這個職位，思考憑什麼我可以拿到如此高薪、我

怎樣才能拿到高薪、新職位的職責和要求與自己的能力是否相稱、透過努力是否能勝任工作等問題。

（三）打量發展前景。僅從現在的角度看高薪是片面的，我們還應站在未來的角度打量新職位的發展前景，如專業能否延續和拓展、新的人事環境能否適應、新的企業文化能否融合等。

（四）多方展開諮詢。諮詢的對象可分為三種：第一種是有社會經驗的忘年之交，年齡最好大過自己五到十歲，這種對象有社會地位、成就、經驗，能夠提供有效的建議；第二種是與工作有關，但職業、思考不完全類似的好朋友，這種對象能了解產業動向，從不同的角度和不同的思考面向你提供不同方向的建議；第三種是父母及伴侶等親人，他們也許會因為太關心你或不了解情況，提供的意見不是很適合，但家人的意見、想法也要考慮。

（五）慎重做出決定。僅僅為高薪而選擇一個新的工作，是一種短視近利的行為。如果新的職位能使自己更精通專業、更了解產業、拓展人際關係、更有效的整合所有資源和建立創新突破的視野，那絕對是我們所應追求的工作。總之，要堅持一個原則，即新的工作必須是自己成長的步調和發展的方向。

（六）避免負面影響。一要節制個人言行。在未被新職位錄取前，不要跟公司同事、部屬、主管，或是跟有利害關係的公司、個人談論，以免傳出不好的流言，甚至失去獲得更好工作的機會。二要做好工作傳承。推薦適合的人選接手工作，做好完整的交接，善盡自己的責任，避免或減小因職務空洞所帶來的負面影響。三是保持良好關係。決定離職後，不要把

責任推給別人，更不能做出傷害原公司的事情，而應與原同事、原公司好聚好散，保持良好關係，實現原公司、新公司與跳槽者的三贏局面。

怎樣才能成為高薪人才

在合理的社會組織下，「高薪的人都是一樣的，低薪的人則不盡相同」。從眾多高薪人才身上，我們總結出一些共性的東西：

（一）知識以「用」為重

對於一般人來講，知識的獲得，一方面可以透過各種院校的專業教育，一方面可以透過社會的再教育。專業教育相對較為系統，一般是我們考慮自己的情況而選擇的教育，它主要表現我們的興趣、潛力；而再教育一般是考慮到自己的知識構成、工作需求等而進行的額外教育。

從目前的社會情況來看，很多人選擇專業教育，已慢慢脫離了自己「興趣」、「潛力」的軌道，越來越喜歡趨「熱」避「冷」，哪個熱門的、比較容易找到工作的，就選它，至於自己喜不喜歡、學不學得來，那已不是很重要。在再教育方面，很多人也存在著好高騖遠、急功近利的心態。從一個人的知識構成來看，最理想的教育是以專業教育為基礎、社會再教育為延續。隨著越來越多的人工作不對口，這種連續性的教育已不可能。因此，再教育的品質已在一定程度上決定了一個人的發展步伐。

除了社會再教育，一個優秀的人才定不會放過企業每一次針對性的內部培訓。現在很多企業已將培訓當成是員工的福利，這些有

針對性、苦心經營的培訓為的是提高員工的職業技能、工作效率，從這些培訓中，也可反映一個員工的學習能力、可挖掘潛力和自我提升的熱情。很多企業也將員工的培訓表現、結果作為企業內部提拔人才的一項標準。對於企業員工來說，透過這些培訓，更能清楚自己和企業的要求還存在著哪些差距，並及時調整自己，使自己成為企業喜歡的人、老闆欣賞的人。

(二) 以專業為導向的職業技能

作為一個優秀人才，以專業為導向的職業技能是必不可少的，它是執行能力的表現，更是個人思索和人格魅力的反映，它不僅指職業的態度，還指在具體的思考問題的方式和工作行為中表現出專業、職業形象，繼而提高每個人的工作效率（績效）。

人才本土化是絕大部分外商企業進入當地後的核心工作，很多外商企業經理人在談到本土人才時，大都對本土人才的基本素養、技能讚不絕口，但在說到本土人才與外國人才、海歸派人才的最大差距時，他們幾乎眾口一詞：專業化程度不夠高。這種差距主要表現在不能很好的體會企業的核心文化、缺乏團隊合作精神、在日常工作中缺乏成本意識和時間觀念。

(三) 以生存為導向的職業心理素養

人類社會從另一方面看也是一個殘酷的競爭生態鏈。再高級的人才都會面臨被淘汰、被遺棄的厄運，因此，能否扛得住壓力、經得起挫折，對於現代人來說，也是一項能力指標。在古代有「臥薪嘗膽」、「面壁思過」的英豪，在今天，同樣需要「屢敗屢戰」的硬漢。在人才競爭也到了「物競天擇」的今天，沒有「救世主」，只有自己能救自己。「生存」在今天雖不是一個血淋淋的名詞，但其

深層次意義已經昭示著是「轟轟烈烈的生」還是「苟且的生」。

（四）以價值為導向的職業觀念

社會調查顯示，越是高級的人才，在選擇職業時越看重組織的平台作用，因為他們深信：找到適合個人能力發揮的平台，比找一個堅固的平台重要。只有和社會、組織的外因相互一致的條件下，人才的內因作用才會越來越大。因此，這些人一般喜歡將眼光集中在選擇和諧點、平衡點方面，而不是一般求職者所看重的金錢、職位等短期行為。

清楚自身的價值，有一個明晰的目標，然後想方設法讓自己的價值最大化，這是成功人才的共同點。他們當然也喜歡錢、嚮往錢，但他們不是整天想著我何時要擁有多少財富，而是堅信：自己的本錢就是自身的價值，只要自己的價值能夠一直膨脹下去，不信富貴無我？

如何獲得令人羨慕的高薪？高薪是許多人的追求目標，但如果你在追求高薪時不得其法，可能就會走一些彎路。那麼，謀求高薪都有哪些正確的途徑呢？

1. 發現自己的職業興趣。

一個人只有在從事他所熱愛的職業時、在充分發揮自己的能力時，才能更快取得成功，而成功是高薪的基礎。所以，你應該清楚了解自己，找準自己的位置，找出符合你的職業興趣、能充分發揮你專長的職業。

2. 尋找快速成長或高報酬的行業。

如果你是在一個處於下坡趨勢的行業裡，你顯然難以長久獲得高薪。所以，你應該就自己的職業方向進行研究，尋找快速成長或

高報酬的行業。

3. 進入具有高績效的企業。

企業的高績效是員工高薪的保證，因此，你要設法了解自己想要進入的企業。比如，它的組織結構、員工素養、技術和產品在市場上的前景、企業為員工提供長遠的發展空間等等。

4. 在職位上做出業績。

高薪來源於個人工作的高績效，企業付給員工薪資，就是期望員工完成工作說明書所規定的職責。但如果你能做出更高的業績，你就能獲得比別人更高的薪資。

5. 使你的績效「可見化」。

有的工作因為難以量化，或者有時因為管理者的忽視，績效不錯卻未必能得到相應的薪資。比如：你協助主管完成了一個專案的規劃，但後來隨著專案的終止，主管很可能就會忘記你在這項工作中的出色表現。因此，在創造績效的同時，要力圖使績效「可見化」。比如，為自己建立績效清單，內容包括任務內容及目標、任務結果績效等，在年終考核面談時，成為爭取較高績效評估的有力證據。

6. 在企業中謀求更高的職位。

如果你能夠成為團隊的管理者，領導眾人、創造績效，高薪自然不在話下。

7. 成為企業不可缺少的人。

你應該時刻注意企業的發展趨勢，了解行業的最新動態，並且思考企業在未來的發展趨勢中需要什麼技術或才能，以便及早準

備，使你的個人價值在持續挑戰中水漲船高，使自己成為企業需要的人才。這樣，你就能始終處於高薪階層。

哪些證照能夠捧得「金飯碗」

拿高薪，是每個人的夢想，但究竟能拿多少錢，得由你的職場身價決定。什麼是職場身價？自己的職場身價有多高？怎樣有效提高職場身價？透過職業認證考試取得一張「金牌」無疑是證明和提升自己身價的一個有效方式。

而且企業對求職者能力的判斷，很大一部分也是以證照為依據的。證照不僅是進入職場的敲門磚，也是提高身價的另一捷徑。用權威、有名氣的證照為自己「鍍金」，是提高自己身價的捷徑之一。

還有哪些證照最值錢？

(一) 金牌證照金色「錢」程

理財的前提是必須要有「財」，「巧婦難為無米之炊」就是說的這個道理，而人們累積財富的主要基礎就是薪資了。

在各個行業，總有這樣一張證照，獲取難度最大、花費也最高，但是如果你擁有了這張證照，就意味著每年幾十萬元甚至上百萬元的高薪。這樣的證照無疑是行業裡的「金牌」證照。像這種金牌證照有很多，如保險業的「精算師」（FSA）、金融業的「特許金融分析師」（CFA）、IT業的「思科認證網際網路專家」（CCIE）、財會方面的「國際註冊會計師」（ACCA）、專案管理方面的「國際專案管理師」（PMP）等。取得這麼一張證照，無疑等於捧到了一個「金飯碗」。

　　職場的拚殺，我們都已經見慣不驚。在這樣一個競爭激烈的時代，「與其臨淵羨魚，不如退而結網」，與其在就業市場做一片浮萍被推來盪去，不如爭取主動權，於是浩浩蕩蕩的「充電」大軍蜂擁而至。職業資格證照已經成為職場中的人們獲得職位、晉升和擴展事業的重要砝碼，也是人們不懈追捧的「強勢貨幣」。

　　很多國家已經開始實行學業證照、職業資格證照並重的制度。為向國際化靠攏，許多職業的就業標準也開始國際化，故有人斷言：「二十一世紀將是職業證照的時代。」

(二)「考證」時代來臨

　　「有一張專業證照，獲得高薪的工作機會要大很多。」作為人力資源專家，某高級人才顧問有限公司總經理認為，證照是證明自身能力的有效方式之一。

　　該總經理從事人才仲介服務近十年，在高級人才仲介和配置方面具有非常豐富的經驗，他的工作就是為公司尋找合適的高級人才。「在很多時候，公司都必須在一群有著類似的工作經歷和教育背景的人中進行挑選，我肯定會選擇有證照的那個人。不過，我所說的證照不是一般的英語、電腦證照，而是指專業技術的金牌證照。」

　　在人才市場上，持同樣觀念的公司不在少數，在招聘的時候都對一些擁有專業技術證照的人才打開方便之門，特別是一些有本行業「金牌」證照的人，更是各家公司追尋的熱點。這使得越來越多的人開始透過考證來提升自己的工作或者薪資。

　　考證對就業有用是毋庸置疑的。證照帶給人們的，除了是相關部門認定的權威性之外，更重要的是職業上的自信和安全感，同

時，獲得證照後晉升機會增加，收入也有一定程度的增加。

　　據相關部門的一項調查結果顯示，獲得一項認證，個人的薪資大多數能得到一定幅度的提高。以 IT 認證為例，大致情況如下：如果通過 Oracle 認證，薪資一般提高 40％至 50％；如果通過微軟 MCSE 認證，薪資一般提高 30％至 50％；如果通過微軟 MCSD 認證，薪資一般提高 40％至 60％；如果通過 Cisco 認證，薪資一般提高 50％至 60％。當然，薪資的提高一般是與地位的提升同步進行的。

　　正是取得證照後的高額報酬刺激著「考證一族」，促使他們奔波在考證的路上，為一紙證照付出了大部分的業餘時間和大量的金錢。而隨著培訓機構的完善，各種職業認證將開始在社會和勞動市場上普及。隨著職業資格證照制度的推行，要求持證上職的行業越來越多。據勞動部提供的資訊，行業的「金牌」證照的職業資格認證更是職場中人獲得職位晉升及擴展事業的重要砝碼，是人們趨之若鶩的「強勢貨幣」，成為人們進行「人力資本」投資的重點領域。

　　當職業的就業標準可以普及的時候、越來越多的人擁有專業證照甚至「金牌」證照的時候，可以預見：今後雖然有證照不一定能保證你獲得穩定的提升或者高薪，但是沒有證照肯定是沒有競爭力的。

（三）哪些證照能捧「金飯碗」

　　目前就業競爭異常激烈，人們擁擠在狹小的就業市場上尋找生存機會，而更多的人透過各式各樣的「充電」、「培訓」、「認證」來提高自身能力或提高工作後調薪的機會。連大學校園裡的學生們，也紛紛在課餘時間參加培訓考取證照，似乎不拿十張八張「證」，

做什麼都沒資本。社會上各類資格認證考試逐漸升溫,像註冊會計師、註冊資產評估師、人力資源管理師等職業資格考試也陸續開考。

儘管各種證照和認證考試鋪天蓋地而來,但是並不是所有的證照都對自己的身價有很大的提升。就目前來看,能捧得「金飯碗」的證照依然是那些國際通用的「洋」證照,特別是國外的一些頂級行業的資格考試,如翻譯行業的「國際會議口譯員」(AIIC);保險業的「精算師」(FSA);金融業的「特許金融分析師」(CFA);理財類的「認證財務策劃師」(CFP);IT 業的「思科認證網際網路專家」(CCIE)、財會方面的「國際註冊會計師」(ACCA)、「資訊系統稽核人員認證」(CISA)、「國際財務管理師」(IFM);專案管理方面的「國際專案管理師」(PMP),物流業的「國際物流認證」(CTL)等。

這些「金牌」證照一般有以下特點

國外權威機構認證且國際通用,專業性高。國際證照之所以具有權威性,其原因之一是它的專業性 —— 專業知識和專業技能的完美結合。

獲得證照的時間長。如被喻為「上班族中的上流人士」的精算師的職業生涯,由普通的精算人員成長為精算師的道路漫長而艱苦。在美國,要通過精算師資格考試,平均需要五至七年的時間。而向 CFA 考試,要經過至少三年三個階段的考試。

獲得證照的費用高。這些證照的考試和培訓費用一般都很高,

第三章　百態人生攻「薪」為上

如 ACCA 的學費與考試費共計約三萬美元，精算師考試費用需約三千美元，有的證照考試和培訓費用等總共要近十萬美元。

報酬高。一旦獲得其中一張證照，便會變得炙手可熱，受到多家公司爭搶，年薪自然水漲船高。幾大金牌證照的平均年薪都在百萬元左右。

正因為這些證照的門檻高，所以才成為行業的「金牌」證照，擁有這麼一張證照，將成為「魚躍龍門」的重要資格。

理性看待證照。

有了證照就等同有了穩定的工作？「證照＝高薪」似乎成了一些「追證族」心中的定理。

上面提到的這些頂級「證照」都是國際標準，而且就業前景絕對不可限量。但是同時也要提醒大家的是，證照也具有週期性，而且不同人適合不同的證照，另外千萬不要陷入「唯證照論」。

和經濟學上最基本的市場供求關係規律一樣，證照也有一定的週期性。由於剛開始擁有證照的人數少，自然非常搶手。大家意識到這個證照的報酬這麼高，於是都報名考試，等到擁有證照的人越來越多，自然就貶值了。比如在 IT 國際認證培訓領域，很多 IT 證照開始的時候是高薪的象徵，至今已經到了氾濫的地步，甚至出現了不懂 IT 的人居然也拿著某大公司的工程師證照的現象。使得很多在國外很值錢的證照，在外資企業眼中不過是廢紙片一張。至於一度「洛陽紙貴」的 MBA 證照，曾經能帶來百萬元以上的年薪，可現在很多大學都開設各種 MBA 班，指望靠這一紙證照來提升薪資也就變得很難了。而房地產估價師則隨著這幾年房地產市場的火熱而需求量大增，這紙證照的「價值」也跟著水漲船高了。

　　有一張專業證照無疑對提升自己的價值是有用的，但是千萬不要蜂擁而上，不同的證照應該適合不同的人。一般要在該行業工作好幾年的人，去考本行業相應的證照才是適合的。

　　這樣既有實踐經驗，又有證照的知識補充，才是比較完美的。如果盲目追趕時髦，跨行業、跨學科考證照，不僅大大增加了學習的難度，也不一定會給自己的工作帶來提升。

　　證照固然重要，但在現在的老闆眼裡，員工的能力才是決定一切的根本所在，否則，就是有再多的證照，也一樣找不到理想的工作。公司招聘的是「有能力的員工」而非「有證照的員工」，雖然證照提供了一個證明員工能力的依據，但是過分信賴證照反而會有適得其反的效果。

　　另外值得我們注意的是，目前也有很多形形色色的資格認證，而且都是國際認證，但考生花費了高額報名費和培訓費後，證照卻得不到教育部和公司的認可，結果並不能為自己的職場打拚「錦上添花」。

　　國際證照因其價值高而受人追捧，但是這並不等於所有的國際證照都是高品質的。目前不少國外的證照培訓很流行，但是職業認證機構卻不承認，獲得這樣的證照費時費力費錢，卻毫無價值可言。所以，我們應該清醒的選擇正規的、有專業水準的培訓機構或者學校來學習，考取真正物有所值的國際證照。

　　如今，人事部門在挑選人才時變得越來越理性，國際證照畢竟並不等於國際人才，任何證照都是背景參考。現在很多大公司並不看重應聘者是否有「洋文憑」、「洋證照」，更看重的是個人經歷、學習能力和工作經歷，可謂「證照誠可貴，能力價更高」。

　　然而，如果你具備了與職業要求相匹配的專業能力，而且認真考取的國際證照是權威的、專業的、價值極高的，那麼「兵來將擋、水來土掩」，你還會懼怕人事部門的百般挑選嗎？

六十萬以上年薪人才的「長相」

　　「獵頭」這個詞對於行銷經理而言並不陌生，可是，能夠「遭遇」獵頭的人卻少之又少，而被獵頭公司相中從而年薪超過六十萬的行銷菁英更是屈指可數。那麼獵頭公司看重的是誰？怎樣才能進入獵頭公司的視線？怎樣才能年薪超過六十萬呢？

　　資深獵頭郭先生告訴人們，獵頭看中的高級人才的「長相」有兩個方面特點。

第一：天生麗質＋秀外慧中

①秀外 —— 學歷以上的注意點

　　「天生麗質」就是說你需要「秀外慧中」。「秀外」就是說你要長得漂亮，這包括你的學歷、你所在的公司、你現在職位要求的能力等，能夠令獵頭注意。對於獵頭顧問來說，學歷可能最不受重視。從獵頭顧問的角度看，學歷只是一道門檻而已。

　　相對而言，你所在公司在業內的影響力往往能決定這個公司裡的行銷經理人受到獵頭公司多大程度的注意。如快速消費品行業的寶鹼、藥品行業的荷商葛蘭素史克藥廠等大公司的高級經理找工作非常容易。

　　但不知名的中小公司裡的行銷經理人也不用妄自菲薄，因為在大公司也有不利的一面，那就是大公司的職位分級劃分太細，因此

在大公司發展到獨當一面往往時間比較長。因此，如果你在中小公司裡從事獨當一面的工作，如區域經理、行銷總監等，從而取得業績，你一樣可以受到重視。

②慧中 —— 不能忽略的職業品格

以上的學歷、公司和職位構成的是「秀外」，那另一個方面就是你的「慧中」，這包括你的性格、職業操守和你獲得的業績。

性格非常重要，這決定了你和其他人的溝通順利程度。因為，從我們公司的運作狀態看，外資公司和私人企業在市場上對人才需求的比例分別占了 30% 和 50%，尤其是目前私人企業的高級經理人越來越多。從我們掌握的資料看，很多總監級的高級經理人離開前一間企業的主要原因是他們的性格不能適應該企業的氛圍。因此為了對客戶和職業經理人負責，我們對進入我們視線的經理人都會做性格測試，以提高他們與客戶之間的匹配程度。

職業操守其實是用來做排除法的。

我們要考察職業經理人在過去的從業經歷中是否有不良紀錄，在業內的口碑如何。如果他的口碑不佳，我們就只能把他排除在外了。同時，跳槽是否頻繁也是重要標準之一。我們非常不喜歡經常跳槽的人，因為頻繁跳槽說明此人目標不清晰，對公司的忠誠度值得懷疑。因此，我們目前認為在一家工作的中高層職位上做滿三年的候選人是比較理想的。

同時，業績是衡量你職場價值的最好工具。

我們看重的不是你做了多少事，而是你做了什麼事、帶來什麼結果。如銷售經理在半年內成功啟動一個區域市場，品牌經理獨立策劃或控制那些「投入少、產出大」的推廣方案，總監級高層經理

人整合銷售模式、經營模式並獲得成功等等。如果說最有力量的業績，那就是給你三百萬推廣預算，你能做出三千萬的業績，為公司獲得五百萬利潤，這樣你的價值也就很清晰，結果就是給你六十萬年薪一點也不過分。很多職業經理人太注重工作細節，因此他並沒有把他的價值講清楚，那身價自然就不高。在這一點上，我們透過專業的挖掘，能夠幫助職業經理人呈現他們最真實的身價。從我們的經驗看，透過我們的挖掘，平均能夠提高他們身價的 70%，平均年薪達到六十萬左右，最高的可以達到每年一百八十萬。

第二，要學會「發光」

對於職業經理人來說，自己的業績、能力很出色只是做好了身價提升的準備。要想加快身價成長的過程，說白了就是要會「發光」，你要像宣傳產品一樣宣傳你自己。這並不是說，你見到每個人時都要介紹你自己，也不是說你要到處讓別人幫你找工作，而是指你要有計劃的推廣自己的專業能力和口碑。

系統一點來說，你需要設計你的職業形象，拓展社交面，想方設法成為業內知名人士，不斷進行再充電，用優秀業績形成業內口碑，從而形成富有親和力而又個性鮮明的性格。

我們發現，但凡職場獲得成功的人，幾乎都擁有相當多的社交經驗，他們經常參加各式各樣的研討會、交流會、論壇，甚至於行業展覽會，並以積極「入世」態度，不斷結識與他們一樣優秀甚至更加優秀的同行，或者潛在的客戶及可能的未來雇主。他們善於適時而恰到好處的展示自己的過人之處，給對方留下優良印象。在大眾場合，若有人想主動結識你，不管對方出於何種考量，我的建議是你絕不應當場拒絕，而須馬上做出友善回應，讓對方感受到你的

謙遜和真誠，永遠記住，多善待每一個希望結識你的人，你就多增加一份人脈，並可能多一次事業良機。如某企業的徐先生就是在一次社交活動中被我們發現並結識的，數月之後，徐先生即被我們成功舉薦到著名的法國某公司任職，不僅從部門經理一躍升任總經理，而且其薪資收入亦增加了十倍以上，更重要的是其職場人氣迅速得到了大幅提升。

專家建議：學會發光、勇於發光

在擴展社交圈方面，建議大家如果有機會，盡量可以在大眾媒體發表文章，在參加論壇時積極爭取向著名專家大膽提問的機會，並應先報出自己的姓名與身分。有機會的話，在業內的專業論壇上發表觀點及看法和接受媒體採訪也都是非常不錯的方式。只有這樣，你才有機會被「獵頭公司」相中，拿到六十萬以上的年薪。

第三章　百態人生攻「薪」為上

第四章

薪資高低完全取決於頭腦

贏得高薪八大祕訣

很多人畢業數年後，越來越怕參加同學聚會。究其原因主要是共同話題越來越少，尤其是談到彼此的成就、待遇時，往往會心生不快。事實上，大部分薪資階層，上至總經理，下至普通職員，最關心的不外乎兩件事：其一，所領薪資是否充分表現自己的貢獻；其二，在同等職位中，自己所領薪資是否偏低。雖然工作的意義絕不僅僅是為了追求待遇，但人生苦短，面對生活，如何在有限的時間中取得高薪的職位，是許多上班族不願意承認卻又不得不面對的人生難題。

眾所周知，要取得高薪，就一定要有高績效。近年來，企業在人事費用上錙銖必較，僧多粥少，高薪職位屈指可數，在追求高薪的路途上，競爭之激烈可想而知。其實，上班族如果能靈活運用以下八大祕訣，取得高薪將不再是難題，且理所當然，問心無愧。

(一) 慎選公司榮景可期

高薪資來自於公司的高績效。如果公司經營狀況堪憂，追求高薪無異於緣木求魚。選擇公司時，必須注意到以下幾點：

1. 公司體制是否健康？

體質健康的組織或許偶爾會生病，但都病不倒。反之，體質不佳的組織不病則已，一有風吹草動，就可能重病不起。上班族應著重分析導致績效好壞的原因所在，更應關心的是影響績效的結構性因素，而不是目前的績效表現，如：組織決策流程品質、員工素養、核心技術等。結構不良的組織，個人再努力都很難力挽狂瀾，就如一部結構鬆散的汽車，請來世界第一的賽車手，也很難創造

佳績。

2. 領導人是否具備前瞻性眼光？

如果領導人具有前瞻性眼光，組織將具有擴充性，績效空間因此具有發展性。發展性的績效空間將提供員工放手一搏的舞台，於是個人有發展空間，薪資成長自然水到渠成；反之，領導人急功近利、目光短淺，將沒有穩定的績效基礎，薪資成長成為意外，高低之間並無規矩，高薪只是一種機遇，談不上成就。選擇公司時，不妨隨機訪談該公司員工，觀其對領導人的評價，平時亦可注意一些大眾傳媒所載的企業領導人資訊。

3. 產品是否具有前景？

產品決定了企業效益，如果企業的產品利潤微薄、市場有限，除非有開發新產品的前景與契機，否則，企業的經營就像在打肉搏戰，沒有贏的機會，而且很辛苦。在這種情形下，還能指望獲取高薪嗎？欲了解產品是否具有前景，應多加注意工商經營資訊。

（二）卓越績效高薪易得

高薪也來自於個人工作的高績效，但績效表現不錯卻未必得到相應薪資。這主要是因為主管沒有看到你的績效，或是不經意間忽視了部屬的表現。比如：一位員工協助主管完成了一個專案的規劃，儘管得到管理層的肯定，但後來專案因故終止，主管很可能就會忘記這位員工在這項工作中的出色表現。因此，聰明的上班族不僅是創造績效，更應力圖使績效「可見化」。最簡單的做法是為自己建立績效清單，每季或每半年填寫一次。

（三）績效清單

任務內容及目標、任務結果績效、開始日期、完成日期。

一旦有了績效清單，在年終考核面談時，可以成為有力證據，爭取較高的績效評估，增加調薪水準。

（四）了解制度

這裡所指的制度是薪資制度。每家公司都有自己的一套薪資制度，薪資與績效的關聯度有所不同。有些企業強調年資或資歷的重要性，績效反而不是決定因數；有些企業強調結果；有些企業則強調過程與結果並重。一個達不到業績標準的業務代表在強調結果的企業裡，沒有任何調薪，但是在過程與結果並重的企業裡，很可能會因為嚴謹的業務過程，而得到若干調薪。有的公司強調個人表現，有的公司則極為看重團隊表現。因此，要想得到高薪，必須確實了解公司薪資制度的精神及重點，力求績效視覺化，為獲取高薪鋪下康莊大道。

（五）明確目標約定薪資

大部分人不太習慣對主管提出薪資上的要求，一方面因為主管本身的許可權有限，另一方面是自己不知如何去談。有些人因此形成了「給我多少錢，我辦多少事」的迂腐觀念。其實，上班族可以善用目標設定的方法，和主管約定薪資的幅度。儘管在理論上講，公司付給員工薪資，就是期望員工完成工作說明書所規定的職責，但上班族仍應該明確制定合理的個人目標，如在特定期間內能提供多少貢獻，完成多少目標，展現多少價值。以此為基礎，來和主管談達到目標後的薪資（包括調薪）。當然，這裡所指的貢獻、目標、價值應是水準以上的表現，如果僅為水準或水準以內的表現，已經被每月的薪資所包含了，就談不上所謂的獎勵了。

(六) 眾志成誠利人利己

這是一個強調專業分工、團隊合作的時代，大多數個人成就是有限的。在這種環境下，能夠領導眾人、眾志成誠、發揮團隊力量以創造績效的人就成為奇貨可居的人，高薪自然不在話下。因此，成為高效能的領導者，領導部屬，開創績效，使企業獲利，也為部屬的薪資開創極大的空間。有心人應該設法使自己成為能帶領眾人立功立業的領導者。

(七) 關鍵才能奇貨可居

如今科技進步，資訊發達，企業競爭已從傳統的產品戰演變成為行銷戰、策略戰等全面性的競爭。企業之爭便是人才之爭，掌握關鍵技能的人已成為企業競爭的利器，這類人才成為企業高薪聘請的對象。上班族應該時時注意整體企業環境正發生哪些轉變，並且思考在這樣的轉變下，企業需要什麼技術或才能，以便及早準備，提升自我價值。

這裡除了強調要掌握關鍵技能，更強調要建立一套快速掌握關鍵才能的學習機制，一旦關鍵才能不再「關鍵」，立刻建立下一個關鍵才能，使個人價值在持續挑戰中水漲船高。

(八) 豐富閱歷價值非凡

企業競爭激烈，使得企業願意付高薪給兩種人：第一種是上文提到的掌握關鍵技術的專才，第二種則是閱歷豐富的通才。閱歷豐富的通才，可以有效整合企業內高度分工的各項資源，形成「綜合績效」。企業人應該把握各種機會豐富自己的閱歷，如：參加專案規劃、派駐國外等，在各項工作中，均應盡心盡力，當做學習的機會，充實自己本業以外的知識與技術，假以時日，自然造就非凡

價值。

（九）高薪真諦價值至上

最後一招，也是最重要的一招，就是不要追求高薪，而要追求增加個人的價值。薪資是反映個人或一件工作的價值。如果一味追求高薪，而忽略了薪資僅是個人價值的反映，不免捨本逐末。沒有個人價值為基礎的高薪，只是逞一時之快，樂將生悲。前七大祕訣，不外乎是創造價值的環境、修練及表現價值的要領，全部皆以價值為核心。所以，追求高薪的第一步是忘記自己要追求高薪，而盡全力創造價值及表現價格。

高薪職位，獲取並不神祕

高薪人人嚮往，但花落幾家，畢竟是少數。在拿高薪的職業「成功人士」中，有些人學歷不過專科，有些人剛出校門不久，他們很多看似普通，卻拿著比同年齡兩倍以上的月薪。是命運之神特別眷顧他們嗎？是他們在某方面的確有特殊才能嗎？根據調查資料顯示：在二十五歲以下月薪超過四萬元的人和三十歲左右月薪近五萬的人，其實大多也是原本極普通的上班族。他們的高薪，得益於職業選擇和職業合理發展的力量。在職業規劃概念尚未提出的年代，獲得好的職業（行業）和職業發展路線，大多出於無意識和運氣的成分。如今職業規劃已得到初步普及，我們完全有理由相信，每個人都有能力問鼎高薪職位。

案例之一

王小姐，餐飲管理系畢業，在一家飯店做大廳接待員，起薪微

薄。這和她原來指望的大廳經理差了三、四個級別。因為飯店管理人才的供過於求，大學本科系畢業幾乎只能走這條路。看著身旁不少高職畢業生都跟自己做一樣的工作，還做得比自己熟練，實在是心有不甘。難道當年的熱門科系如今的前景就這麼慘澹嗎？王小姐在這期間也發了不少履歷，可惜飯店管理類的工作沒有一個能看上她這麼一個剛畢業且沒有工作經驗的女孩子。王小姐英文不錯，考過 GRE，聽說能力都好，在大學裡還擔任過藝文節目的主持，可惜如今在職業發展上卻遭擱淺。

職業顧問診斷

王小姐的錯誤在於求職範圍過於狹窄，作為一個剛畢業的大學生，在本科系專業形勢不好的情況下，可以選擇既適合自己又更有前途的行業。

經過對王小姐的心理測試，職業顧問發現：王小姐個性活潑，表達能力強，適合外向型的工作；個性中感性成分居多，不適合做文職祕書類枯燥的工作。對王小姐這樣的個性來說，與人交往、隨機應變的工作比較適合她；而理性偏重，需要大量嚴密思考的工作則應該迴避。根據王小姐的優勢和劣勢，職業顧問建議王小姐可以先從導遊類的兼職做起。幸好英文還算流利，使得王小姐具有這方面實力，同時可以進一步提高自己的口語程度，熟悉西方文化。飯店管理近年人才飽和，而旅遊業方興未艾，正好可以藉這個契機進入一個新的領域。

在廣泛接觸社會的背景下，尋找新的職業機會將變得更加有利。職業顧問建議王小姐的職業定位是市場拓展主管或者銷售經理，最佳行業定在旅遊業及其附屬產業。

第四章　薪資高低完全取決於頭腦

在職業顧問的建議下，王小姐考了導遊證照，很快在一家大型旅遊公司找到了一份雙休日兼職導遊，並且在半年後跳槽去了一家國際商業旅行社，其薪資可謂不低。

案例之二

大專畢業的陳小姐在一家合資物流公司負責日常事務，平時業務往來較多。工作三年後，學到的東西不少，可惜因為學歷偏低，始終無法在公司獲得晉升。這時候偏巧一家外資物流公司進駐，而新成立的團隊中有陳小姐以前的客戶，所以陳小姐考慮跳槽去做助理。出於對新公司前途的不確定，陳小姐猶豫再三。

職業顧問診斷

陳小姐在物流行業從業三年，而這三年正是物流業興起的過程。對陳小姐而言，她的經歷應該是非常具有價值的。所以職業顧問判斷陳小姐的職業技術量已達到一定程度，跳槽對她來說並不是難事。

根據職業顧問對陳小姐過去工作經歷的了解，發現她所做的工作基本涉及整個公司的業務內容，並且操作性很強。而對未來的困惑和過於迴避風險是阻礙陳小姐發展的關鍵因素，職業顧問認為，這樣的顧慮完全可以打消，沒有主動追求，就沒有高薪自動降臨。

另外，繼續進修獲得大學文憑也是很關鍵的一步，有了基本的學歷背景，將更容易獲得承認。對陳小姐來說，她已經具備向管理層發展的雛形，獲得高薪不是夢。

找到屬於你的高薪捷徑

眼下的跳槽高峰中，恐怕有相當部分人是因為高薪而去的。職場上，每個人都希望自己能才盡其用，獲得高職高薪。可是，路漫漫其修遠兮，高薪對於大多數普通職場人來說總是有些高不可攀，有些人為之奮鬥了大半輩子依舊遙不可及。許多人忍不住想問，難道就沒有什麼捷徑可圖嗎？

放之四海而皆準的高薪捷徑恐怕是沒有的，但是，每個人的機遇有所不同，當行業上升、階段性人才需求爆發、市場供給不平衡，職場的千變萬化都為我們創造了步入高薪的捷徑。

案例：我為什麼總與高薪無緣？

王先生，三十二歲，知名國立大學畢業，資訊管理系出身，公司從事軟體發展工作，到現在一晃五六年了。在部門裡面，大家都做著相似的工作，只是項目有所不同，所以，王先生一直以為大家的待遇是差不多的。當然，公司的個人薪資是保密的，他也不了解同事的收入情況。直到一個偶然的機會，王先生從原先財務部辭職的一個朋友中打聽到，原來，自己的薪資是部門當中最低的。

「為什麼同工不同酬？我到底哪裡不如同事好？」王先生顯得有些憤憤不平，並尋思著是不是該跳槽。

無獨有偶，林小姐也有著相似的苦惱：長假期間，林小姐和幾個要好的大學同學聚會，席間大家談論起各自的工作和薪資。結果，林小姐發現，自己的薪資竟和幾個好朋友差了一大截。林小姐是觀光管理系畢業的，在一家外商企業飯店從櫃檯一直做到行政助理，總是處理著飯店裡大大小小的瑣事，三年過去了既沒前途，也

看不到錢途，更別談高薪了，最後林小姐選擇了離開；第二份工作是一外貿公司的經理祕書，聽上去似乎頭銜高了，但事實上，公司經理還是拿她當一個打雜的看，平時就是打打文件、整理整理資料，薪資也沒有比原來高出多少；在一年後，林小姐又換了一份工作，這次選擇了做市場調查專員，這份工作的起薪還不如在外商企業做櫃檯時高。然而，林小姐的同學中，有的已經在一家飯店升為經理祕書，又從經理祕書到總經理祕書，現在已經是半個特助了；有的跳到了人力資源職位，也已經到了人力資源主管；還有的是客房部經理，薪資也已經是林小姐這個市場調查專員的兩倍。對此，林小姐憂心忡忡，為什麼自己的薪資總沒有他們高？

分析：從內在、外在兩大方向尋求高薪突破

一些人有一個相同的毛病，當發現自己薪資不高或和別人有差距時，第一反應是感到不公平，甚至因此對公司和同事產生敵對情緒。其實，所謂高薪，是因人而異的，並不是某個固定的數字。每個人的狀態不同，高薪的標準也不同。事實上，人們在衡量薪資高低的時候，其實是在衡量每個人所領的薪資是否充分表現了自我的價值。

那麼，如何才能找到屬於自己的高薪捷徑呢？專家認為，很多時候，影響你薪資高低的不僅是你的工作能力，更是你個人的綜合素養，包括為人處世的態度等。要解決高薪問題，可以從個人的內在因素與外在因素兩個大方向去著手考慮。在要理性分析自我和形勢的基礎上，才能發現屬於自己的高薪祕密，從而找到高薪的捷徑。

（一）內在：用好優勢資源，打造用好核心競爭力

內因決定事物本質，在抱怨高薪為何與自己無緣的同時，請深思熟慮一下，自己是否好好整理過自己的優勢資源，自己用來博取高薪的核心競爭力到底在哪裡？

從內在因素來說，不妨從以下三個角度去考慮你將來的加薪可能性：

1. 敬業

這可以說與高薪最直接也是最有關的，幾乎所有高薪收入者一致認為他們成功的重要素養是敬業，一位留學歸來的博士直言相告：「如你想獲高薪，就必須考慮二十四小時工作。」是否敬業也是總經理對員工們是否加薪的一大準則。

2. 低調

一份調查結果顯示，幾乎所有的高薪收入者在處理人際關係的能力方面都特別有優勢。曾經有一位高薪人士在受訪時說，凡與其共事過的同事，都認為他是一個十分仔細入微的人物，而這種仔細正是表現在他能妥善處理每一位同事的關係。

3. 學習

步入高薪的領域，學習是必不可少的，知識的更新任何時候都不能停止，絕大多數事業有成的高薪收入者在回答「未來五年你最需要什麼」時，都選擇了「充電」。那些在高新技術領域中的高薪收入者，更是把企業有無良好與完美的培訓計畫作為其加盟的理由和依據。

（二）外在：看準環境，尋找高薪捷徑

如果說內在因素是幫助你取得高薪的基本素養和首要條件，外

在因素則可能包含更多大家嚮往的高薪捷徑。這裡，有一些高薪的竅門。

1. 公司的實力如何？

可以從其註冊資本、生產規模、市場占有率等方面入手。因為只有實力真正雄厚的公司，才會不惜千金納賢才。如果公司經營狀況堪憂，那麼追求高薪自然也是不可能的。同時也要注意行業的特點，高薪並不是每個行業的從業人員都能得到的，像 IT、汽車、房產等重頭行業，月薪達到四五萬元並不是很難，但相對的，此類行業的萎縮期和膨脹期就會具有相對差距。

2. 有時候有能耐，也要善於利用。

並不是每個工作績效突出的人都能夠得到相應的薪資，這主要是因為經理沒有看到你的績效，或是不經意間忽視了部屬的表現。因此，建議每次工作獲得成效的時候，可以找經理回饋，藉機在經理面前證明自己的能力，同時也是為了將來考核面談時，可以爭取較高的績效評估，增加調薪水準。

3. 掌握關鍵性技能。

現在的企業競爭是人才之爭，掌握關鍵技能的人是企業高薪聘請的對象。同時，除了強調要掌握關鍵技能，更強調要建立一套快速掌握關鍵才能的學習機制，一旦關鍵才能不再「關」，立刻建立下一個關鍵才能，使個人價值在持續挑戰中水漲船高。

4. 自身價值經得起挑戰嗎？

要讓個人價值經得起持續挑戰，建議確立一個明晰的目標，想方設法讓自己的價值最大化是成功人才的共同點。同時，他們堅信：自己的本錢就是自身的價值，只要自己的價值能夠一直膨脹下

去，就會富貴於我。要仔細審視自己，對自己有一個正確的認識和評價，看一看自己是否真的能夠勝任將來的工作，能否應對各種難題和挑戰。也就是說，要看自己是否真的值這個價錢。倘若對自己信心不足，最好還是退而結網，及時充電以提高自己的能力。

高薪捷徑在哪裡？每個人的答案都不一樣。專家提醒你，發展方向更清晰一點，職業定位更準一點，多一點思考，多一點探索，你就會離高薪更近一步。希望每個職場人都能善用自己的才能和智慧，找到屬於自己的高薪捷徑。

尋找你的高薪法則

兩個世紀前，哲學家認為「在從事這種職業時，我們不是作為奴隸般的工具，而是在自己的領域內獨立地進行創造。」所以選擇職業的標準是獨立，是創造，是尊嚴。

兩個世紀後的今天，職業經理人也在考慮職業選擇的問題，不過標準更加多元化，薪資成為標準之一。

對財富的追求並不悖於職業道德，相反，知識成了商品，職業經理也成了商品，任何一個老闆都會盡力去追求產品價值的最大化，職業經理既然是商品，就應該去追求自身價值的最大化，在追求中不斷提高自身的素養，不斷豐富創造財富的能力，這就是商品經濟條件下值得肯定的道德。

法則一：掌握薪資脈絡

薪資是隨著行業發展而提升，隨著經濟的起落而起落，對「薪資趨勢」進行把控至關重要。眾多的研究機構、公司、媒體每年都

會對薪資或預測或總結，也有其深意。

選擇行業。女怕嫁錯郎，男怕入錯行。事實上，所有的職業經理人都怕入錯行，無論男女，把自己轉移到最早與國際接軌的行業是關鍵。

某金融企業最高開出五百萬元年薪在香港招聘金融專才，說明目前不缺乏高薪的職位，而是缺乏能取得高薪的人才。

另外，跨國企業傾向把更多企業職能部門放在發源地，這也加快了一些職位薪資的變化。職業經理人要選擇一個發展型的，本身也能夠吸納人才的公司。一個企業只有具有發展潛力，才能提供給員工更好的機會、更高的薪資。否則，很難留住人才，員工培養得越多，員工成長就越快，流動也就越快。

這是一個自然法則：只有一個成長比較快的公司，才有潛在空間去提拔員工、提高薪資、鞏固團隊。

法則二：薪資不是承諾

要轉變觀念，任何雇主都不會對一個平庸的職業經理人恪守承諾，有的只是工作上的條件。所以條件是條件，承諾是承諾，時機成熟的時候，職業經理人可以和雇主就條件而協商。

對於既定的年薪是否合理，經理人和業主之間就會存在認知上的差距。對於業主來說，經理人的年薪標準應該是多少，心中無底，很有可能把經理人是否安心在企業工作、是否提出調薪要求等，當做衡量的標準。

一般情況下，經理人不肯輕易提出調薪要求，但這並不等於滿足現狀、安於現狀，一旦有高薪肥缺，就會找個「斯文」的理由跳槽。

執行出結果。幾年前，當一個員工從 A 公司跳到 B 公司，在談到 offer 的時候，老闆會注意：你的教育程度、工作經驗、溝通能力、語言能力，這些相對來講比較表面化的資訊，然後橫向比較市場供求情況，來決定你的價值。

現在老闆越來越看重結果，前線部門要看到業績，支援部門也要看到業績。

所以要執行出老闆認可的成果，可以量化在履歷上的成果。以人力資源部門來說，不要簡單描述「我的部門提高了員工的士氣」，這是不能量化的；而是「我的部門提高了員工的士氣，部門的效率提高了多少，員工的流失率降低了多少」，這樣老闆就可以看到了，老闆願意為更實際的能力付錢。

法則三：內外兼修

轉變身分。一般來說，跨國公司對於員工的待遇是有地區差異的。理論上是保證不同國家員工都享受比較好的待遇，因為國家、地區之間的人力成本是有很大差異的，不能為了平等而平等。

一位取得外國國籍的高管揶揄「在美國紐約一客蛋炒飯大約要十美金左右，在我們這可能是兩美金，所以如果本土員工拿到的薪資比紐約少，他可能會覺得不公平；但是紐約的員工如果收入和本土的一樣多，就不是公平不公平的問題了，而是一個是否能夠生存的問題了。」

所以不少經理透過鍍金或取得國際證照，再「海歸」來提高薪資，暫時也是很有效的。

語言放大能力。語言的精通程度對薪資的影響，十分明顯的表現在融資專員、外匯主管、信用證結算、律師／法務和顧問等

行業。

　　在中低職位中，英語對職位的取得和薪資收入影響最明顯。比如審計經理一職，英語精通者是普通者的 1.77 倍，是一般者的 2.62 倍。

　　成為空降部隊。市場的進一步成熟使薪資更加穩定，鮮有職位（薪資）成長是 10% 至 20%。一般而言，薪資提升的速度在總體上只有 7% 至 8% 的浮動，想要在原有的職位上獲得過高的薪資幾乎不可能。

　　一個職位對於經理人可能是事業，對於老闆來說只是個成本問題。如同生產線上生產鞋子，每個工人的位子只是一個成本概念而不代表其他什麼。

　　想讓自己的薪資有變化，只有把自己升級為更高級的管理者，這才是提高收入的最根本的方式。否則，做同樣的事情，即使效果突出，對於老闆也沒有意義。

　　管理是相通的。一個成功經理人必須讓自己保持很強的機動性，企業高管尤其要衝破行業的天花板，成為可以空降的自由人。

　　高級職位產生高價值。在高級經理職位中，財務總監的平均年薪最高，達十幾萬元。企業內部職務薪資差額頗大，同樣是外商投資企業的財務類職位，財務總監的平均年收入是財務出納的 7.6 倍。能力和資力仍然是影響收入的最主要因素，並有進一步強化的趨勢，類似總監這樣的高級人才稀缺現象沒有緩解，反而更缺乏人才。

　　十年的人才儲備，在一年中耗盡，市場的供求平衡澈底被摧毀，不但不能滿足今年的燃眉之需，而且對於後續發展的渴望也加

劇了某些行業對人才的爭奪。

爭取調薪，你該做什麼

談調薪，常是很煞風景的事，而調薪更不單只是薪資提高而已。

薪資高低對很多人來說很重要，但是在大部分的工作與生涯歷程中，許多工作條件會產生更大的影響。例如工作的意義、樂趣與驕傲，還有業務支援。想清楚你到底要什麼，除非薪資本來就遠低於本身的行情，否則加薪後，上述條件與你的未來發展，往往都可能受到影響。這些情況，在與主管談調薪時，當然也是需要被提出來同時討論的。

你真的只是要錢嗎？

你的直屬主管不是只有你一個下屬。他為你調薪時，也會擔心其他同事與其他主管會怎麼想。因此必須讓他相信，你的調薪對其他同事及部門都有利。

創造雙贏的情況，是談判成功的基礎。除了清楚自己要什麼，更要客觀的以主管立場思考與定義你的能力，為公司的過去、現在與未來創造價值，讓他們相信為你調薪是最有利的決定。

此外還要想清楚公司與主管目前狀況如何，這些可能也都會在協談中被提出，也會影響你是否能調薪，因此要預先沙盤推演一番。

(一) 先弄清楚天時、地利、人和

除非你突然有驚人的工作表現，否則談調薪最佳時機是在公司

賺錢或快速成長、又需人才之時。此外，談調薪是很敏感的，要選
在主管心情不錯時，甚至依照他的習慣，選擇最隱祕、最沒有壓力
的地點談。

　　人和很重要。如果你平常跟同事、其他主管相處得很好，主管
為你調薪時，他受到議論的風險也比較小。

（二）鍛鍊談判技巧，維持身段柔軟

協談時要注意以下幾個技巧：

1. 多談自己，少跟同事比：協談時要強調自己能創造的
   價值，不要模糊焦點。加薪是很私密的，拿同事薪資
   來作為說服理由時，只會暴露出愛打聽又會洩密的
   負面特質。

2. 別用威脅語氣：避免用外面有人要高薪挖角來做籌碼，
   這樣會讓主管擔心，你是否每隔一段時間有人挖角，就
   要勒索調薪一次。

3. 表達尊重與配合直屬主管的職權：你的直屬主管上面還
   有其他主管及公司政策，你硬要，他也不一定能給。表
   現出尊重他的立場與同情心，他才會為你爭取權益。

4. 維持條件彈性：當公司薪資條件定得很死的時候，在加
   薪時間與幅度上，最好都能維持一些彈性。最好預先設
   想到，甚至可以與主管一起研究，有什麼額外薪資的替
   代方案。協談後，保持平常心。

　　如果爭取到加薪，最好不要到處宣揚，甚至請同事吃飯，這樣
會讓主管很尷尬，畢竟他只為你加薪。若能在工作上力求突破，讓
他覺得自己的決定正確，當然是最好的。善用了上述的協談技巧，

仍不幸沒談成，也是有可能的。

不管你決定繼續待下來，還是你覺得自己不只是值這個價錢，或是主管態度惡劣，你想要離開，都要回歸到生涯規劃的基本面。

這個問題不是被拒絕後才要思考，而是在協談之前就要想到這個可能性。這樣不管調薪成不成功，都更能冷靜的為自己規劃更好的下一步。

你對工作最大的考量是薪資嗎

謙虛，經常是年輕野心家的晉升之階，這是天經地義的事，期望高的人必會著眼為此。 ——莎士比亞

薪資，歷來是職場最敏感的話題之一。面對激烈的求職競爭，相當多的求職者對薪資避而不談，認為一談薪資就有「期望值過高」、「眼高手低」之嫌。不少求職者將薪資談判的主動權完完全全交給了人事部門：「給多少算多少。」先找「位子」，後找「鈔票」，只要有職位，「零薪資」就業也行。

其實，按勞取酬是《勞動基準法》賦予我們的權利。為了有職位而委屈自己，甚至乾脆「零薪資」就業，這種飢不擇食的做法不足取。就業，為什麼不計較薪資？

就業「零薪資」之所以不宜提倡，首先這種做法明顯違反了《勞動基準法》。大凡實行「零薪資」的，通常沒有簽訂勞動契約，求職者雖是抱著學習一技之長的心態前去就職的，但「天有不測風雲、人有旦夕禍福」，不發生工傷事故便罷，一旦發生了工傷事故，就會「秀才遇見兵，有理說不清」。

其次，容易導致就業市場的混亂。目前一些就業市場沒有明確規範，個別求職者採取「零薪資」的做法正好迎合了一些不法業主的需求，有了這個「擋箭牌」，他們就會使出渾身解數對勞工進行剝削，尤其那些工作技能簡單的行業，會很隨意辭退員工，以賺取更多的非法利潤。

求職者根據市場需求及時調整自己的就業策略，這本是件好事，但應當依法維護好自己的合法權益，輕易放棄自己應得的薪資，不是一種明智的選擇。

職場雙薪各式各樣的祕密

在跳槽和雙薪的雙重誘惑中，職場人士各有各的選擇。但雙薪的構成究竟是什麼形式呢？對於初入職場的人和不好意思開口詢問的人而言，還是各有各的疑惑。

（一）12＋1的方式

談到雙薪的話題，記者專門請教了一位資深的人力資源專家Anthony Chong，他先後在幾家國際知名的大公司做人力資源總監。他說，企業發放雙薪是一種獎勵員工的形式，通常分為兩種：一種是12＋1的方法，即到年底企業多發給員工一個月的薪資。這種是以時間為衡量指標的，只要你做滿了一年，就可以拿到雙薪。現在這種方法在香港、新加坡已經不常用了。

（二）12＋2的方式

還有一種方法是12＋2。即當員工為公司服務了一整年，多發兩個月的薪資作為獎勵。這種是非常靈活的做法，它一般有公司

營業指標、客戶指標和個人指標三方面來衡量。公司營業指標是以最少成本達到最佳效果，獲得最大利潤打分；客戶指標是由客戶滿意度來打分；個人指標是由個人完成工作的品質和數量打分。一般，公司營業指標在雙薪中占 10% 至 20%，團體工作量占 30% 至 40%，而個人指標則在雙薪中占到 40% 至 50% 的分量。也就是說，當你個人努力完成工作，發揮團體合作精神，完成公司營業目標時，才能最終獲得雙薪。這種靈活的做法，已經在國外非常流行。它充分激發員工個人的積極性，發揚團隊合作精神，為公司做出貢獻。

(三) 注意事項

企業發放雙薪是根據自己的政策來指定的，所以如果有的員工在八月分離開公司的話，有的公司會比較通情達理會給他雙薪中的一部分，但有的公司是不會給一分錢的。在後者上班的員工會對此非常小心，即使選擇跳槽損失了一筆收入，也許又會在新的公司中得到補償。

(四) 雙薪屬意外之財

年終雙薪，也就是所謂的第十三個月薪資，相關法律中沒有明確規定人事部門必須支付給員工第十三個月薪資，但是第十三個月薪資的情況在我國很多企業中非常普遍，是外商企業傳過來的一種薪資方式。有的企業是契約中與員工約定，做滿十二個月，或者到年底的時候，可以享受第十三個月的薪資。如果有了這樣的約定，企業必須支付給員工第十三個月薪資。如果契約中沒有規定，企業給第十三個月薪資就不能強求。說到薪資的標準，法律中並沒有關於第十三個月薪資的任何規定，所以第十三個月薪資給付的額度，

是基本薪資還是全額薪資，或者還是獎金，完全根據企業與員工的約定，或者企業薪資福利政策來確定。

（五）雙薪的不同形式

近年來，公家機關、私人企業和其他公司陸續實行了「雙薪制」，即發放第十三個月的獎勵薪資。個人取得的這部分收入屬於任職受僱的獎勵性收入，是薪資所得的範疇。「年末雙薪制」是最普遍的年終獎金發放形式之一，大多數企業，特別是外商企業更傾向在年終獎金的問題上運用這種比較簡單乾脆的處理方法，即按員工平時月收入的數額，在年底加發一個月至數個月的薪資。據網上資料顯示，英特爾的一般員工年終即加發二至四個月的薪資，而朗訊高級員工的年終獎金就有可能達到近六個月的薪資水準。

獎金的另一種形式就是發紅包，這種年終獎金發放形式的魅力就在於它的「彈性機制」，主管可以按照下屬的工作態度和成績分別給予不同金額的獎勵，這也是拉開員工收入等級的一項重要措施，特別是在銷售業這樣特別看重個人業績的行業中，紅包更是成為員工年收入的重要砝碼。

而有跳槽念頭的人往往是對現有工作不滿，這時最重要的是先讓頭腦冷靜下來，看看問題出在哪個關口？

1. 檢查是否因初入職場，疏忽了工作中的某些方面，導致工作不順或障礙，從而引起對工作的不滿。比如，是否了解所在公司的文化氛圍並與之相匹配？是否不屑於從小事做起？是否能夠大膽表現自己、爭取重要任務？是否虛心向他人學習？

2. 檢查是否因工作了一定時間後，出現波折。例如工作的

內容、要求、難度發生變化，或者本人對工作逐漸習慣而失去興趣，產生新的要求。職場總是不斷變化的，職業環境不可能總是遷就每一個人，所以人們需要經常不斷的充電和自我激勵，並追蹤職業社會的變化，這樣才能在職業社會中掌握主動。

3. 檢查工作厭煩感是否來自其他方面。例如自身的長期消耗和疲勞、外部的待遇等，這時應對內調整心態或對外爭取機會。

面對高薪何去何從

這個月，林小姐有點煩惱。三十五歲的她工作已經快十年了，很多同學做了部門主管，也有自己開公司賺錢的；還有的早就定了做個賢妻良母的心，工作很普通，可是相夫教子很有成績。林小姐覺得自己一事無成的樣子。

貸款買兩房一廳的公寓，還有五年的債沒有還清，去了美國的男朋友一時還沒有回來的意思，在公司裡只是資深基層員工，等著論年資排升遷，但是還差一點年分。

林小姐的收入夠養活自己、還清貸款，剩下的也就不多了；公司的工作雖然有點壓力，可是做了好幾年，也就熟能生巧了；男朋友雖然在國外，可是很常聯絡，再換一個也不見得就能互相適應。

本來過著這樣平凡的日子，好歹衣食無憂，也算安樂，可是自從遇見吳老闆以後，林小姐便開始煩惱了。吳老闆是一家日本公司的老闆，透過同學跟林小姐認識的，吳老闆公司正在招兵買馬，看

第四章 薪資高低完全取決於頭腦

中林小姐的經驗，提出現在雙倍的薪資來挖角。

一開始，林小姐很興奮，好歹薪資變多了，名片也終於印上了主管的頭銜，彷彿自己的腳步也跟上了時代的節拍。於是週末的時候，林小姐去這家公司參觀，辦公室不大，地段雖然不錯，可是大樓很一般，是舊大樓。週末應該是休息的日子，辦公室裡卻是一副忙碌的樣子，電話響個不停。吳老闆說：「我們的分公司是個新公司，所以，需要處理的事情很多。大家都在忙，我們太需要妳的加入了。」

林小姐心想，萬事起頭難，走上正軌以後就會好吧，於是她答應吳老闆，回去會認真考慮。

林小姐打電話給在外資企業工作好幾年的同學張小姐，「加班很正常呀，自己的事情沒有做完只有加班了。我們這個老闆從不提加班費的事情，問他，就會回答妳：『週末好好放鬆嘛，不要加班。』妳聽聽，部門裡永遠人手不夠，我怎麼放鬆。」

張小姐倒了一肚子的苦水，林小姐明白那個瘋狂購物的張小姐也是付出了代價的，這樣的代價自己願意嗎？

離吳老闆給的期限越來越近了，林小姐心裡越來越矛盾。以前，林小姐投過一些履歷，大公司往往音訊全無，有回音的公司待遇總是一般。吳老闆給出的條件算是誘人的，過了這個村也許就沒有這個店了。可是，高薪的工作看起來要有高強度的付出，說不定還有高頻率的流動性，現在的工作卻是安穩的，錢不多也算夠用，高薪資如果拿不了幾個月，回頭更是不可能了，每個月的貸款怎麼繳？值得冒險嗎？林小姐找不到答案。

思考：

面對高薪挖角，有幾個人能不動心？可是，面臨一次新的開始，又有誰能不猶豫？尤其是原來的工作已經足夠衣食無憂。

跳槽的動力往往來自壓力和野心，量變導致質變，可是林小姐似乎還沒有到達這樣的臨界點。這樣的選擇實際上是沒有對和錯的，關鍵是自己的心情和承受能力，如果有能力面對新的工作，跳槽也是一種選擇；如果嚮往的是悠閒舒適的生活，就不要去和別人比較。這樣才能對自己負責。

怎樣為自己爭取一份滿意的薪資

你是否也有過這樣的經歷？踏破鐵鞋終於覓得一份中意的工作，卻因為和老闆洽談薪資問題時缺乏技巧而錯失良機。那麼快來看一看我們為你總結的五點經驗，說不定會帶給你意想不到的收穫哦！

第一招：忽略

該怎樣處理那些對過去的薪資紀錄有要求的老闆呢？關鍵句：不要把你對薪資的要求寫進去。

也許你認為，如果不提及薪資問題的話，雇主根本看也不會看一眼，這豈不是在冒險？可是你有沒有想過，倘若你在還未摸清薪資的可能變動幅度之前就把自己推銷出去，這難道不是在冒更大的險嗎？因為薪資問題通常都是可以進一步協調的。

第二招：轉移目標

假如面試時老闆問你這樣一句：「你目前拿多少錢？」你該如何回答呢？關鍵句：過去的薪資並不重要，關鍵是我的工作能力。

這個問題你千萬要謹慎回答哦。如果你目前薪資太少的話，那麼直接回答不會給你帶來什麼好處。如果同時還有別的應聘者和你競爭的話，這樣說可以讓你不至於處於劣勢。記住：過去的薪資並不重要，關鍵是要展示你的工作能力以及你能為公司做出的貢獻。

第三招：控制比例

當老闆終於開始和你談具體薪資數目時，你該怎麼開口呢？關鍵句：讓雇主先說個數。

每個雇主在心裡對薪資的上下限度都有個數，他們經常會在那個限度內自由調整。他們手頭掌握著你所不知的內情。當你不知道對方是怎樣想的時候，你往往會自降身價。這豈不正中其下懷？所以呢，在你提出任何薪資要求之前，請務必問清楚它的大致價位。假如它低於你的心理價位，你就定一個比你現在的薪資高至少10％至20％的價。倘若你現在這個位置拿的錢太少了，那麼適當再抬高一些。

第四招：多留餘地

如果你必須得先開價，那怎麼辦呢？關鍵句：勿將底線定得太低！

給出一個大致和你心裡想的相同的範圍，但要記住：雇主往往會盯住你的底線，所以你不能把底線定得太低。給出的餘地大，洽談自然也就更靈活了。

第五招：原則

當雇主想連絡前公司來檢核你的薪資，你該怎麼辦呢？關鍵句：重新考慮一下這份工作吧。

假如在面試時，像「請出示你的薪資明細」這樣的問題都讓你

感到非常不舒服，那麼你該好好想一想了。進入這樣的公司工作，你會有自由和尊重嗎？說實話，你想和一個有威脅自己意圖的人共同工作嗎？我要提醒你的是：高薪固然重要，尊重也是必不可少的，一份贏得僱傭雙方互相尊重的工作才是雙贏的結局。

「薪」機會：風向球尋找高薪

選擇最適合自己的職位和發展空間，是你拿高薪的加油站。

每年都有無數的經理人，面臨著薪資增加或減少的調整。為使這種變化讓自己滿意，他們在東張西望，尋找著「薪」機會。在此過程中，他們要和自己、自己的期望和恐懼等變數作抗爭。

要讓這種變數減到最小，而且不令人頭痛，有許多問題值得這些經理人注意、思考和解決。

(一) 今天的薪資要拿，明天的薪資更要拿

一個對經理人非常現實的問題是，你的薪資與你為企業創造的價值是否相符合？你拿的是今天的薪資，還是明天的薪資？你在考慮拿明天的薪資了嗎？

「我拿到的大部分是今天的薪資，還有一部分是明天的薪資，我的薪資與我為企業創造的價值是相吻合的。」高級經理人高先生，他拿的是年薪制，固定薪資是當月兌現，另外浮動比較大，根據企業業績、個人績效在年終兌現。在個人績效上，公司對他的考核指標是銷售額、利潤、現金流量及「三項」費用的控制，即管理費、財務費、銷售所產生的費用。「指標完成得好，轉化的現金就多，我的收入就高。這對我有挑戰性，我非常願意拿。」

劉先生則更喜歡今天看得見的收入。「我明天的收入是選擇權，但企業無法真正兌現，選擇權對我來說是一種擺設，沒有任何意義。」他顯得很委屈，一臉無奈。他是某 IT 企業的銷售總監，目前這家公司正面臨著業務轉型。他認為拿到的收入，在企業內部不是合適的，更談不上他為企業創造的價值與自己所得成正比了。

在對薪資福利待遇的總體滿意程度上，調查顯示，經理人不滿意的占 10.5％，認為一般、還過得去的占 29.4％，滿意的占 60.1％。

存在即合理。企業是個利益動物。一些企業，特別是市場化的企業，明知道缺人，為什麼不招人來補這個缺位？是因為經理人在這個職位上要的薪資太高。經理人盡可以尋找收入高的工作，這本無可厚非，但如果一味追求高薪而不顧今後的發展機會，有時會占小便宜吃大虧。

其實，薪資是一個人能力的外部表現形式，而能力是個人素養的綜合反映。有遠見的人，不但能賺今天的錢，而且還能賺到明天的錢。因此，經理人如果要尋找「薪」機會，應該及早規劃自己的職業、事業和發展遠景。

(二) 哪些行業、職位拿高薪

雖然 IT 業仍然在不景氣中徘徊，但仍然有許多幸運兒輕鬆獲取令人羨慕的高薪職位。曾先生便是其中一位，他是某 IT 公司的 CIO，現在的月薪是十七萬五千元。與此形成鮮明對比的是，同樣是 CIO，同樣地區，只不過是在一家房地產公司工作的宋先生，月薪只有三萬五千元。

這就延伸出一個經理人都很關心的問題：哪些行業、職位能拿

到高薪？因為薪資的高低，對於市場經濟中成長起來的經理人來說，往往是他們選擇職業的風向球。

對這個問題的答案，如果籠統一句話說，社會最需發展哪個行業或職位，哪個行業或職位就最有可能出現高薪。即使在傳統行業中的高級管理職位，或者是一些資訊化部門，也容易拿到高薪。

「高薪行業是不斷變化的。」某管理顧問有限公司高級顧問馮先生直述他的觀點，「在今後，物流業和相關的職位會漸漸脫穎而出，其次是投資和理財方面，包括個人理財和企業理財，金融也是未來企業高薪產生的一個領域。」

顯然，對於經理人來說，如果你是在一個處於下坡趨勢的行業裡，你顯然難以長久獲得高薪。所以，你應該就你的職業方向進行研究，尋找快速成長或高報酬的行業。那麼，如何判斷一個高薪職業能否持久呢？

一是看這個職業可帶來的有用性資源，即這個職業被社會需求的彈性。它被需求越多，這個職業就會有更強的競爭力，它也就越持久；反之亦然。「這要求你不能忽視供求關係。」薪資專家曾先生一語切中要害：「哪些行業與職位薪資高，與供求關係密不可分，供不應求，也會促進在職人員薪資的成長。」二是看這個職業的投入成本有多大，一般而言，高科技的職位都是高薪的，因為它的投入成本高。

「但市場行銷無論在哪個行業都是高需求職位。」專家補充，「大部分的公司都需要透過行銷人員來推廣其產品與服務，市場行銷也是很具有挑戰性的工作，有經驗的市場行銷人員獲取百萬年薪是非常正常的。高科技行業對於市場行銷人員的需求最大，他們不

僅需要有銷售、企劃和公共關係能力，還需要有一定的技術和知識。因此，知識結構全面的經理人更適合這一職務。」

所以，對於每個渴望尋到理想職位的經理人來講，第一步是應選好行業，在此前提下，如果你擁有多種技能知識，而這種知識符合應徵職務的需求，你便有機會成為獲得高薪的幸運兒。

(三) 企業願意為哪種人付高薪

在一個企業中，什麼樣的人容易獲得高薪？在這個問題上，企業考慮最多的是：結合企業的目標業績和經理人所在職位及其個人的表現。

常規性的一個做法是，企業的高薪通常是給能為企業帶來最高效益的那部分人。某房地產公司營運總監王先生深有感觸：「做企業的人，只認一樣東西，就是業績。老闆給我高薪，憑什麼呢，最根本的就要看我自己所做的事情，能在市場上產生多大的業績。」

如果你現在能為企業創造績效，而且發展潛力又比較大，你的未來被看好，這兩個方面能重疊，你就更容易得到高薪。

不過，還有一個等式，即「高學歷＋長久的經驗＝高薪」。這個公式裡的「經驗」，不是單純的工作資歷累積，而是過程中不斷完善自我的過程，包括經理人的成功案例和業界不斷擴大的影響。這通常是企業招人時，給這類人開出高薪的一個很重要的衡量指標。

(四) 在企業內部或外部，如何獲取高薪

經理人怎樣才能獲得高薪？問題的解答可從兩個方面入手，即在企業內部或外部，和當離開本企業或行業時，經理人各應有什麼樣的行為表現。

　　「經理人要得到高薪，有兩條路可以走。」從企業內部的角度，某人力資源部招聘主管楊先生說，「一是在專業領域裡，你要使你的專業知識精湛，在這個領域你是個專家；二是你在行政級別的位置越高，薪資越高，這要求你有團隊合作意識和溝通能力。」

　　團隊意識和溝通與管理藝術相關聯。在這個方面，某電信集團公司總經理蔡先生亮出了他的竅門：當某件事達成的時候，不要跟你的下級搶功，而是想辦法把業績歸功於你的下屬。當下屬遇到問題時，幫助並指導下屬解決問題，為他們適當承擔一些責任。這樣你更容易取得威信，更容易使你部門的業績比別的部門的業績好，你的「薪」機會也自然降臨。「一句話，作為經理人，要有足夠的領導力，當一個好教練相當重要。」順著這個邏輯推理，不難發現這樣一個道理，公司業績做得好與不好，不完全由某個經理人來決定。但他可以決定的是自己的表現，保證自己的表現讓公司滿意，比如良好的時間管理能力、高度的服務意識和讓客戶滿意的能力、準確分析與解決問題的能力等等，這是經理人個人水準和人格魅力的反映。

　　作為經理人，也要站在企業外部的角度，對自己的職位進行審視、規劃，弄清自己到底適合做什麼。根據自己適合的實際情況做出合理的職業生涯發展規劃，調整自己，選出相應的職位，並為之努力；倘若對自己信心不足，最好還是退而結網，及時充電以提高自己的能力，這極為必要。

　　實際上，如何尋找「薪」機會，最根本的一點是，你要選擇最適合自己的職位和發展空間，這是你拿高薪的加油站。

第四章　薪資高低完全取決於頭腦

第五章

額外「薪資」多爭取

第五章 額外「薪資」多爭取

你享受到「軟福利」了嗎

陳先生是一家外商企業的部門經理，上個月他收到兩封信：一封是公司因他成績卓著而為他加薪，這個早已在陳先生的意料之中；而另一封信他事先卻一點也不知道，公司為陳先生提供了一個到國外學習培訓的機會。在人才競爭日趨激烈的今天，企業正設法為員工提供多種福利來表現企業的關懷。

1. 公司：求才不必「囚」才

專家介紹，陳先生獲得的培訓機會屬於公司「軟福利」中的一種。所謂「軟」是相對「硬」而言的，企業自己制定的個性化的非現金福利稱為「軟福利」。

一般來說，外資企業比較強調教育的資助，公司會支援員工在外面學習與工作相關的技能，並給予80%至100%的報銷比例。在一項中本土企業員工對於軟福利項目滿意度的調查中，外資員工的滿意程度最高，達到83%；私人企業居次，為68%；公營企業為66%。

實際上在國外，軟福利的推行已經十分普遍。美國很多企業會定期舉行員工家庭日，公司上層家庭都會參與。公司對員工的關心也到了相當細微的程度，比如曾有家美國企業員工搭汽車前往異地開會，途中遭遇車禍，員工親眼目睹死亡場面，公司在員工返回後立刻請來心理諮商師，對員工進行為期兩週的心理輔導。而在澳洲，最「日夜顛倒」的廣告界也開始推行準時下班。

除了內部培訓，聚餐、休假旅遊、員工娛樂比賽、親子家庭活動等與生活相關的內容都屬於「軟福利」。調查顯示，軟福利活動

展開得當，會起到緩解職業壓力、提高員工工作效率、優化企業形象、降低員工流失率等作用。

2. 員工：下班輕鬆一回

丁先生在某軟體公司工作，每個星期五晚上他都會跟同事一起去打羽毛球，「場地是公司租的，不用自己掏腰包，既能在八小時以外與同事增進了解和友誼，又能鍛鍊身體，何樂而不為呢？」

一般說來，員工對學習和培訓機會都很歡迎，但是有些員工對公司的團體活動就不感興趣。究其原因有三：有的員工認為軟福利只不過是公司為營利而採取的變相手段，並不真正為員工著想，因此產生了牴觸心理；有的員工感覺工作之後最需要的就是休息，參加活動反而會消耗精力；而有的員工則對活動內容本身不感興趣。

對於以上三種觀點，職業顧問建議員工，固然公司的舉動都是以營利為根本出發點，但是大多數公司的軟福利都還是以「取悅」員工為目的的，因此設計出來的項目一般會考慮員工的「口味」，員工不妨一試。再者，多參加公司的團隊活動，對於加深對企業文化的了解、與上司和同事之間的溝通，是有很大好處的，兩者對平時工作都非常有幫助。

工作之後需要放鬆，但是睡眠休息並非放鬆的唯一方式。對於青壯年來說，運動和娛樂更是放鬆的好方法。「生命在於運動」，多參加體育和娛樂活動，能給身體「加油」，為頭腦「充電」。而如果公司大多數員工對軟福利活動項目沒有多大興趣，專家則提醒公司人力資源注意，設計項目時要考慮適用性，主題應時常換新。

第五章　額外「薪資」多爭取

員工福利的類型

員工福利計畫（Employee Benefit）是一個比較籠統的概念，一般是指企業為員工提供的非薪資收入福利的綜合計畫，所包含的項目內容可由各企業根據其自身實際情況加以選擇和實施。通常員工福利計畫主要由以下部分組成：國家規定實施的各類基本的社會保障，企業年金（補充養老金計畫）及其他商業團體保險計畫，股權、選擇權計畫，其他福利計畫等。

福利計畫的劃分方式很多，其一是分為以下幾種：經濟性福利、工時性福利、設施性福利、娛樂及輔助性福利。

（一）經濟性福利

這些福利是對員工提供基本薪資及獎金以外若干經濟安全的福利項目，以減輕員工的經濟負擔或增加額外收入。

（二）工時性福利

這些是與員工工作時間長短相關的福利，如休假或彈性工時。

（三）設施性福利

這些是與企業設施相關的福利，如員工餐廳、閱覽室、交通車與托兒設備等。

（四）娛樂及輔助性福利

這些是增進員工社交及文化娛樂活動，促進員工身心健康的福利項目，如員工旅遊、文藝活動。

員工福利也可分為社會性福利和企業內部福利。社會性福利通常指國家政府和法律法規所規定的、強制性的基本福利制度，像養老保險、失業保險、生育保險、帶薪年假、婚喪假等。而企業內部福利是指企業內部自行設定的一些福利內容：比如旅遊專案、補充

養老金、生日蛋糕、節假日的津貼、禮物等。

另外，目前比較流行一種叫彈性福利制度，指將上述那些福利的具體內容打散，在一定範圍和價值內，根據企業和員工的具體情況或達成的協議由員工自行選擇分配。

警惕薪資的陷阱

無論對國外還是本土企業的員工來說，薪資無疑都是最敏感的問題之一。已開發國家的企業早已將薪資管理看成是人力資源管理系統中的一個不可分割的組成部分，而本土企業長期以來卻一直將薪資管理或者說企業內部收入分配問題當成是一個獨立的系統對待。

這種根本的差異，再加上市場化深度不夠，尤其是勞動市場發育不完善，以及企業人力資源管理系統發育不成熟，造成本土企業在薪資管理方面總是處於四處救火的狀態，經常是為了解決一個棘手的薪資問題，卻在不知不覺中又落入另外一個薪資陷阱。在具體的薪資體系設計以及薪資管理過程中，由於基本理念的錯誤以及薪資管理框架的凌亂，更是出現了各種偏差。

(一) 對薪資功能的錯誤定位

說到薪資，首先必須澄清的問題是薪資對於企業的作用到底有多大？薪資能為企業做什麼，不能做什麼？任何一家企業的薪資設計以及管理過程都是建立在對此問題回答的基礎上，而許多企業在薪資管理方面出現失誤，往往都是由於未能認真思考及對待這一問題。

第五章　額外「薪資」多爭取

　　目前本土企業薪資管理實踐中，並存著兩種對薪資功能的認知：唯薪資論和薪資無效論。

　　所謂唯薪資論，指相當一部分企業將薪資當成是鼓勵員工的唯一手段（或至少是最重要的手段）。他們相信重賞之下必有勇夫，認為只要支付了足夠的薪資，就能更容易招聘到一流的員工，員工也不會輕易離職。在這些企業中，薪資往往成為企業管理員工的殺手鐧，加薪成為他們對付人才問題最得心應手的手段。

　　所謂薪資無效論，指一些企業總在強調，薪資在吸引、保留以及鼓勵人力資源方面並不是很重要，只要有了良好的企業文化和發展前途、良好的工作環境、人際關係以及給員工提供發揮能力的機會，薪資水準比其他企業低一些沒什麼關係。換言之，內在薪資比起薪水這種外在薪資，對於員工的激勵性要強得多。

　　上述兩種對薪資功能的看法既有合理成分，又都過於偏頗。首先，薪資水準的高低無疑是企業吸引、保留以及激勵人才非常重要的手段。無論企業在文化、個人發展以及人際關係等方面如何有利於人才的成長，只要薪資水準明顯低於市場水準，員工很可能會由於追求個人的市場價值而離開。大多數情況下，內在薪資這些「上層建築」必須在薪資這些「經濟基礎」上才能發揮強大的激勵作用。貶低薪資價值，從而為自己支付相對低的薪資尋找藉口的企業，不是受到老一輩的影響太深，就是由於老闆的「吝嗇」。

　　其次，將薪資當成是最重要甚至是唯一激勵手段的企業，同樣會發現日子不太好過。不可否認，薪資水準較高的企業在吸引人才方面有很大優勢，但在留住人才尤其是激勵人才方面到底有多大作用，並不是「如果……？那麼……」的簡單關係。根據赫茲伯格的

雙因素理論，薪資並非激勵因素，即高薪資可以保證員工不會產生不滿意，但是卻無法讓員工一定滿意。

總之，一方面要承認，較高的薪資對於某些特定族群（尤其低收入者和教育程度不高的人）還是有較明顯的激勵作用。但在另一方面又必須意識到，對於企業中的高水準人才，「金錢不是萬能的」，加薪產生的積極作用也同樣遵循邊際收益遞增然後遞減的規律。

(二) 薪資管理與企業策略、文化及人力資源管理系統脫節

說到薪資的作用，通常強調的往往是人才的吸引、保留、鼓勵以及開發，但是吸引、保留、鼓勵以及開發人才的最終目的是什麼？顯然是為了幫助企業實現策略目標和遠景規劃。因此說到底，薪資體系的設計以及薪資管理必須圍繞企業策略以及遠景目標進行。如果不考慮策略性導向的差異，企業的薪資管理很可能是在自己的獨立王國中「過自己的日子」。

許多企業的薪資管理都處在方向不明的混沌狀態中。缺乏明確策略指導，企業的薪資管理系統往往會給自己選擇一些可能會對企業的策略實現產生阻礙甚至破壞作用的目標，比如薪資成本的最低化以及內部收入分配的公平最大化等。

拿成本來說，許多企業以薪資成本最低化作為一個重要目標。為此，他們寧願不使用一流人才，或眼睜睜看著辛辛苦苦培養起來的人才流失。對於市場經濟條件下的企業來說，成本並不是他們真正關心的東西，他們真正關心的是利潤。成本和利潤之間還夾著一個收益，收益與成本之間的差額才是利潤。因此，以降低成本為目標的企業薪資管理體系最終很可能會由於使用二流甚至三流的人才

而導致企業的利潤不增反減。

著名管理學大師查爾斯・漢迪（Charles Handy）提出，新的企業生產力和利潤公式應當變成 $(1/2) \times 2 \times 3 = P$，即採取用原來一半的人，提供雙倍的薪資，但是得到三倍產出的方式來創造價值。

再說薪資的公平性，傳統企業薪資制度一直將收入分配的內部公平性作為至高無上的目標，很多企業甚至以犧牲企業效率為代價力求確保所有員工滿意。有意思的是，一些企業在發展到一定階段後同樣陷入這種沼澤。事實上，對於企業而言效率無疑是第一位，以犧牲效率為代價來獲得的公平不可能長久，沒有了效率這個「皮」，公平這個「毛」去哪裡依附呢？因此，如果企業無法讓所有的人都滿意，那麼就應該先讓那些真正為企業創造價值的人滿意，尤其是那些能夠帶來 80% 利潤的 20% 的核心員工。

此外，從人力資源管理系統的角度來說，薪資決策應當在企業對職位（或者技能、能力）進行分析和評價以及制定了良好的績效管理體系之後才能做出，但很多企業卻將薪資決策當成了一種可以獨立完成的「分蛋糕」的工作，既不去做認真仔細的職位分析（或技能、能力分析）和評價，也沒有進行客觀、公平的績效評價，導致沒有明確的「分蛋糕」的依據或者大家認知不統一，造成許多紛爭和不滿。

最後，薪資及管理系統與企業文化也是緊密關聯的。不同類型的企業文化需要不同的人力資源管理系統支撐，而薪資則要與企業人力資源管理系統的總體思考和導向保持一致。因此，企業的薪資管理系統必須隨企業文化的改變而進行變革。比如 IBM 公司

在 1980 年代末出現的企業文化變革，就導致原來以嚴格等級官僚制、內部公平性以及低風險性為特徵的薪資系統，轉變為強調靈活性、外部競爭性以及薪資與風險因素掛鉤的新型薪資系統。然而很多企業往往是企業文化強調一套，薪資系統向員工傳遞的卻是另外一套訊息。比如，有些企業一方面高呼創新和學習口號，另一方面卻不在薪資體系中對那些努力進行創新和不斷學習的人提供任何獎勵。結果是；企業一方面不斷強調並期望塑造強烈的績效推動型文化，但另一方面卻屢屢失望。

因此，對於本土企業來說，設計薪資體系、進行薪資管理以及實行薪資制度改革的過程中，一定要不斷考慮這樣一些問題：「我們到底希望透過薪資體系以及薪資管理達到什麼樣的目的？」、「哪一種薪資系統或管理方式有助於策略目標的實現？」、「它是否會支援我們的組織文化？」等。

(三) 薪資結構零散，基本薪資的決定基礎差

很多企業的薪資明細上都能看到多達十幾項的薪資構成：基礎薪資／生活費用薪資、職位薪資、技能薪資、績效薪資／浮動薪資／獎金、職稱薪資、年資薪資、住房補貼、交通補貼等。究其原因，在於許多企業的薪資體系設計是機械式的設計，認為只要薪資中應當表現某種因素比如職位的重要性、技能水準的要求等，就必須在薪資結構中單獨設立一個項目。比如很多企業為了說明自己按照國家規定的最低薪資向員工提供薪資，所以先要在所有員工的薪資明細中設立一個數額相同的、略高於當地最低薪資的一個項目。好像不這麼做，企業的薪資系統就不正當和不合法。事實上，只要企業支付給員工的總體薪資不低於最低薪資就可以了，完全沒有必

要單獨設立。在很多薪資本來就不高的企業中，特別提出這些細項，員工在其他方面（比如職位或技能）的差異在薪資中的展現就變得微乎其微。

事實上，當企業的薪資結構被劃分得越是支離破碎，員工的薪資差異就越是不容易得到合理的表現，因為既然單獨設立一個薪資項目，那麼大家必然要多多少少都拿一點。不僅如此，薪資構成的項目過多還會造成另外一個不利的後果，即員工的薪資高低到底取決於什麼變得模糊了。員工既不清楚主要是什麼原因造成自己薪資與他人的差異，也不清楚自己怎樣能夠透過個人的努力來增加薪資收入，更看不到企業的薪資系統鼓勵什麼，與企業的策略之間是一個什麼樣的關係。

（四）薪資系統的激勵手段單一，激勵效果較差

從總體管理流程來看，薪資管理屬於企業人力資源管理的末端環節，位於一系列人力資源管理職能之後，尤其是在職位分析與評價以及績效管理等完成之後才能得到的結果。但薪資管理的作用絕不僅僅是「分蛋糕」或論功行賞，薪資分配本身既是一種結果，同時也是一種過程。進一步說，薪資系統本身所規定的分配方式、分配基準、分配規則以及最終的分配結果，會反過來對進入價值創造過程的人的來源以及價值創造過程本身產生影響。換言之，薪資分配的過程及其結果所傳遞的訊息有可能會導致員工有更高的工作熱情、更強烈的學習與創新願望，也有可能導致員工工作懶散、缺乏學習與進取的動力。

從薪資的激勵角度來看，能夠直接與員工的工作成果掛鉤的薪資體系通常激勵性最強，比如生產企業中的計件薪資制以及銷售人

員的提成制或佣金制。但是，一方面由於計件薪資等導致品質不佳、資本濫用以及計量成本過高等問題；另一方面由於很多職位，比如管理類和事務類職位，很難用簡單的計件方式來進行衡量，因此在很多情況下，企業不得不採用計時薪資制。然而計時薪資制最大的問題在於員工可能存在偷懶等機會主義行為，導致企業受損。事實上，過去生產效率之所以如此之低，恰恰在於缺乏對於工作的數量、品質、成本以及效率的考察。從理論上來說，按功勞分配的思考與市場經濟的收入分配思考並沒有什麼本質上的差異，但是過去的問題在於，我們從來就沒有找到按「功勞」進行衡量和評價的方法以及依據，於是按功勞分配實際上變成了按資歷分配，結果導致大家都學會了熬年資和出工不出力。

員工的收入差距一方面應取決於員工所從事的工作本身在企業中的重要程度以及外部市場的狀況，另一方面還取決於員工在當前職位上的實際工作業績。然而，許多企業既沒有認真仔細的職位分析和職位評價，也沒有明白客觀、公平的績效評價，所以拉開薪資差距的想法也就成了一種空想，薪資的激勵作用仍然沒有發揮出來。

（五）薪資管理過程不透明，溝通不足

從薪資管理過程來看，在本土企業中目前存在的兩個比較突出的問題，分別是管理過程的不透明性，以及企業就薪資問題與員工進行的溝通嚴重不足。

首先，許多企業津津樂道於薪資保密，一些知名企業甚至也以薪資保密為本公司的頭條，並美其名曰國際慣例。然而，在惠普公司、Motorola 公司等國際知名大企業的薪資策略描述中，我們看

到的都是透明、簡單明瞭甚至員工參與以及員工選擇等字樣。薪資管理的目的並不僅僅是分蛋糕，它實際上是要透過薪資分配過程及其結果來向員工傳遞訊息，即企業推崇什麼樣的行為和業績，鼓勵大家向哪種方向去發展。一旦員工看不到自己的行為和業績與薪資之間的關聯，激勵的鏈條就中斷了。

企業實行薪資保密最主要的原因是擔心員工比較，因為只要有對比，員工一定會產生不公平感，必然會加大企業薪資管理的難度。一位企業的人力資源總監曾經明確告訴筆者：薪資保密好，員工即使對自己的薪資不滿，也不敢到人力資源部門來找麻煩，原因是公司不允許員工相互打聽薪資。然而，人的公平感本身就是透過對比獲得，即使是在薪資嚴格保密的企業中，真正的薪資保密似乎從來就沒有存在過。其次，如果員工進行了對比且確實心存不滿，企業卻以薪資保密為盾牌來逃避現實，無疑是自欺欺人的鴕鳥政策。一旦員工的不滿沒有正常管道舒緩和發洩，那麼他們必然會透過離職以及其他各種企業不易覺察的形式，比如工作懈怠、降低工作品質等來扯平，對企業顯然不利。筆者曾就薪資保密問題請教過一位美國卡內基梅隆大學的教授，他認為，越是在那些人員素養高的企業中，薪資越是要公開，不然大家會認為公司不誠實或是不相信他們的智力。我們在本土企業中進行的問卷調查也顯示，贊成薪資完全公開的人在每一家企業中都占到70%以上。

另外，一家企業的薪資管理系統是否被員工認為是公平合理，是否真正具有策略導向性和激勵性，很大程度取決於員工對於薪資系統的理解和認同程度。企業的薪資系統越簡單越好，因為只有簡單的薪資系統，員工才容易理解，其策略導向性才會明確。此外，

根據目標設定理論，當員工參與某種決策並理解這種決策時，他們更有可能認同並堅定不移執行決策，此原理同樣適用於企業薪資系統設計過程。反觀現實，許多企業還在追求越來越複雜的薪資體系，比如一位數學系畢業的 IT 業企業總經理甚至用上了高深的數學公式來為行銷人員確定薪資。然而，無論計算公式多麼複雜，員工都不會理睬，他們只要對比不同的計算方式下最終薪資所得到的孰高孰低，就明白企業在跟他們玩什麼手段了。所以企業必須牢記一點，薪資管理的最終目的是激勵員工達成企業的績效目標，而不是把員工蒙在鼓裡，因此薪資體系所傳遞的訊息越清晰、越明確，達到目的的可能性就越大。

薪資待遇「個性化」攀升

人們在討論 WTO 的熱潮中，得出一個結論：「狼」來了，最先吃掉的是「人」，上班族都笑言，狼來了最好先把牠吃掉。他們看好的是什麼？看好的是外商企業可觀的薪資待遇，他們期待著用「高薪」來證明自己的價值。

這一切都向企業發出訊號，企業「薪資水準」必將在市場規律的調節下呈整體上升的態勢，而企業「個性化」的薪資支付形式將是一個重要的特點。

例如，在外商企業，薪資待遇因職位而異的「個性化」支付形式，就日益顯示了強勁的競爭力和「誘惑力」。而「個性化」的前提是薪資待遇的規範性和普遍攀升的趨勢。企業自己制定的「軟性」福利待遇得到了推崇，如培訓、保險之類的待遇受到了員工的

歡迎和追逐，為企業吸引和留住優秀人才發揮了積極的意義。

繼這一發展趨勢，當前，外商企業繼續加強了「軟」性福利待遇方面的政策調整。例如，為員工提供購房津貼，提供帶薪休假，並與保險機構一起大力推銷各類保險和員工持股計畫。據悉，這種企業和保險機構一起安排員工保險的策略正逐漸成為外商企業爭奪人才的制勝法寶。

與市場總體經濟發展和外商企業薪資發展態勢極不相稱的是，目前部分中小企業，包括一些實行企業化管理的公家機關，在薪資待遇上陷入了困境。部分員工做著上班族的職業，拿著比勞工階級還低的薪資，至於保險、培訓之類的待遇幾乎一片空白，難以調動員工的積極性和創造性。

比較而言，企業薪資待遇對外沒有競爭力，在支付形式上缺乏靈活性，在薪資體系建設上尚欠規範。例如企業浮動薪資比例偏低，無法持續激勵企業經理層和員工為企業創造價值。這無疑都是值得企業慎重思考的問題。

企業對人力資源市場的「價碼」能否保持一種警覺，並及時調整在同行中具有競爭力的薪資策略，恐怕也是目前市場薪資動態發出的重要訊號。

一位著名經濟學家曾明確表示，他不同意目前流行的「勞動力價格低廉」的說法。他說，勞動力可分為兩類：一類是低收入勞動力，一類是高收入勞動力。對企業而言，高收入勞動力領低薪是過去的優勢，加入 WTO 以後，這種優勢就沒有了，因為外商進來了，它用高薪資把高收入勞動力搶跑了，而創業投資者為了取得高報酬、企業為了獲取高收入，也必須用高薪資搶人才。綜上所述，

當前薪資待遇整體性上升將是一個值得注意的市場訊號。上升的同時，企業之間、人員之間也必將在市場調動下進一步拉開差距，充分表現出薪資發放的「個性化」特徵。

薪資的學問

薪資的棘手之處在於，一些人比另一些人對其更在意。剛剛畢業的大學生，背負學貸債務，需要錢償還。隨著孩子越來越多，大多數父母總覺得手頭緊。不過，到了人生的某個階段，會發現有比錢更重要的東西。對於年近半百者，問題往往不是現在拿到更多的錢，而是退休後有足夠的收入。

正如英國特許人事和發展學會（Chartered Institute of Personnel and Development）的薪資顧問查爾斯‧卡頓（Charles Cotton）所說，錢在多大程度上能夠令雇員滿意，很大程度上取決於個人的情況，同時也取決於他們的生命週期所處的階段。

儘管如此，薪資仍是雇主搭配的，為讓雇員滿意的薪資組合的基礎。一般而言，基本薪資等級的劃分是根據可供雇員選擇的其他雇主的薪資開價，並根據市場標準的波動來調整。歸根結柢，由於歐洲技術人員的供給短缺，雇主試圖以盡量少的薪資留住員工。不僅如此，他們還得照顧到股東或者納稅人的利益。

但近幾十年來，在英國以及歐洲大陸許多國家，大多數私人部門的雇主在薪資中引入了一種變數。這常常是年度獎金，根據事先協定中相關雇員表現的標準發放。這種形式以前為上班族員工所專有，現在正越來越廣泛適用於第一線的製造業工人和直接面對顧客

的服務業員工。

最近還有一件事，那就是薪資中加入了股票儲蓄計畫。股票選擇權以前只限於高層主管，現在很多公司都普遍採用。特許人事和發展學會說，雖然三年來股市表現疲軟，但這種形式仍然廣受歡迎。不過，有跡象顯示，一些公司正放棄股票選擇權方案，改為直接的股票儲蓄計畫。

薪資中的現金部分不可避免的最受人注意。但在整個歐洲，對於年滿四十歲的雇員，養老金計畫則變得利害攸關。在私人部門，各公司為了控制負債，開始對新雇員推行定額繳費計畫，以取代定額給付計畫。

然而，根據特許人事和發展學會去年十一月的一項調查，未來一年，至少在英國，各公司向雇員提供的醫療保險計畫仍可能大幅成長。儘管私人醫療保險費用在增加，但為使雇員感到更受重視，補充性的醫療保險計畫顯然深受歡迎。

如何才能把這類核心薪資公平賦予每個雇員，也日益受到注意。具有前衛意識的雇主正開始對員工進行調查，以確保此類薪資不受到以下影響：例如性別、種族以及過去確保白人男子受到優待。

薪資開始包括越來越多的其他福利。卡頓先生指出，在供不應求的勞務市場上，比如英國，雇主越來越願意透過對兒童保育的費用補貼以及更靈活的工作方式等手段，留住女性員工。

然而，那些想獎勵或激勵員工的公司額外增加了這麼多的福利，從健身俱樂部會員制到公司車等，以至於一些公司現在正試圖平衡激勵機制，以確保每個雇員得到的只是能夠對其有激勵作用的

薪資。

美國電腦軟體集團 —— 微軟（Microsoft）就是一家打算進行此類評估的公司。微軟在歐洲十二個國家都有業務，因此在「最佳工作場所」中占有重要地位。

該公司負責歐洲、中東和非洲的人力資源總監尤里奇‧霍茲（Ulrich Holtz）認為，微軟的調查獲得成功的主要因素，在於其政策是每年對每個雇員的工作滿意度進行調查。

他說，一旦收集起意見，關鍵就是要解決出現的問題，不管這是個人的還是大家的。

結果，微軟已在多個國家給予雇員兒童保育補助。但為了節省雇員為收集文件而浪費的時間，它可能也會多安裝一台印表機。

微軟的薪資包括三大部分。除了基本薪資外，還要透過對雇員是否達到事先商定的工作目標的年度評估，發給獎金。另外，所有員工還可得到以微軟股票而非選擇權的形式支付的薪資。

貨幣酬勞還配以一系列非貨幣的福利，這通常包括一定的醫療保險、養老金安排，在歐洲還有公司車等。

在有彈性的薪資組合中還會有其他福利，包括兒童保育補助、靈活的工作安排以及運動設施的提供等。

但霍茲先生說，微軟計劃簡化這些有彈性的薪資組合，以確保能夠提供更少但更有針對性的福利，從而有效獎勵員工。

他說：「我們確實將全面評估我們的福利，以判定哪些要保留，哪些要削減。」

威爾士聯合房業協會（United Welsh Housing Association）說，他無法向所有員工提供私人企業水準的薪資，特別是對金融部

門的員工。該協會是家非營利性組織，利用公共和私人基金提供低成本住房。

不過，公司服務總監加里斯‧海克特（Gareth Hexter）說，儘管賺的錢相對較少，但一些員工仍願意留在這裡工作，因為他們認同該公司向無力購房者提供優質房屋的目標。

該協會還著力強調「方便家庭」的僱傭形式，使那些帶小孩的員工得以工作、家庭兩不誤。

其中一項創新是，向員工提供只要求其在學校開課時間上班的契約。對於簽訂常規契約的人，該協會提供靈活的工作時間，可根據家庭情況調整。

霍茲先生說，儘管微軟在市場上占主導地位，但和其他競爭對手一樣，也不得不確保其薪資組合能實現盡可能高的成本效益。

但是，假設這項調查就薪資發出了一個訊息的話，那就是需要薪資組合不僅可以根據不同雇員的需求調整，而且可根據現有雇員不同年齡層的需求進行調整。

建立一套強而有力的薪資福利體系

薪資歷來是員工和企業注意的核心問題，薪資體系的完善與否對人才的選用與留及整體業績有著直接的影響。市場經濟體制逐步規範，也對企業薪資體系的完善提出了更高的要求。在眾多人力資源人士注意薪資如何設計，而許多顧問專家又煞費精力的傳授一套理念先進、模版通用的薪資「模式」時，關於薪資的爭議卻越演越烈，老闆注意的是如何保持企業薪資競爭力的同時，又不至於增加

成本，人力資源經理也在為降低成本的同時而不發生人才流失等風險而苦惱。如何使企業薪資體系更加科學呢？在市場經濟中，激勵程度最高的是物質，主要透過價格機制來進行。儘管精神激勵仍然需要，但在當今社會條件下，物質激勵更為有效和普遍。薪資體系集中表現了組織對員工的物質激勵，而且可以吸引來、保留住、激勵起組織所需要的人力資源。因此，具有激勵性的薪資體系是組織激勵機制的核心。金錢是薪資物化的主要形式，金錢能否激勵員工不取決於金錢本身，而在於管理者如何使用金錢，建立一套規範、公平、競爭力強的薪資體系，是企業迫切需要解決的難題。

具體來說，目前企業薪資體系設計的主要難題包括以下幾點：

1. 將員工晉升到一個他所不能勝任的職位上

在企業和各種其他組織中都普遍存在這樣的現象，也就是說一旦員工在職位上做得很好，企業就將其提升到高一級的職位上作為獎勵或認為他也會做得很好，一直到將員工提升到一個他所不能勝任的職位上以後，才停止對該員工的提升。如此，就造成了這樣的結果，本來該員工在低一級職位上會是一個很優秀的員工，但是他不得不待在一個自己不能勝任的職位上。這樣的薪資體系是不合理的。

2. 薪資密集

通常情況下，每個薪資範圍中的最低水準是企業願意為該薪資級別中的工作支付的最低薪資。從理論上說，新員工的薪資應該等於或接近其所在級別中的最低薪資水準。但實際上，新員工的薪資通常比最低薪資水準高很多，有時只比已經在企業工作過一段時間的員工的薪資低一點，或甚至更高。企業新員工或職能較差的員工

和資歷較長或職能較佳的員工之間的薪資差額較小的現象，叫做薪資密集。

造成薪資密集的情況有兩種。一種是企業沒有增加薪資範圍的最低和最高水準。隨著時間的推移，企業還是保持原來設定的範圍。第二種情況是某種工作缺乏合格的候選人。當這類候選人的供應低於企業的需求時，隨著企業對人才的互相競爭，新就業員工的薪資水準就會上升。薪資密集會對企業的競爭優勢造成不利影響，薪資密集可能造成的結果是人才流失，因為企業的薪資體系無法保證內部員工之間的公平性。

3. 不成體系

人力資源管理包括以下幾個部分：招聘與選拔、績效管理、培訓、員工職業生涯管理、勞資管理、離職管理和相關法規等。每一部分都不是獨立的，而是相互關聯、相互影響的。現在有的企業在人力資源管理中所處的階段不成體系，或者說各部分之間的關聯太少，這樣的薪資制度很難吸引人。

為了解決以上難題，必須建立一套合理的薪資福利體系，來激發員工的工作熱情。要做好薪資福利設計管理工作，那麼主要做好以下幾方面工作，如果以下幾方面工作做得十分優秀的話，相信你的薪資福利設計管理工作也將是非常優秀的。

①薪資調查。

②職位分析與評價。

③了解勞動力需求關係。

④了解競爭對手的人工成本。

⑤了解同行業薪資福利水準。

⑥了解企業的策略、價值觀以及企業財力狀況和經營特點等。

此外，薪資激勵性效果的好壞與否主要取決於三個因素：

首先，取決於薪資體系的公平性。薪資體系的公平性可以分為外部公平性和內部公平性。外部公平性表現在與同行業同等工作相比，員工的薪資具有可比性，至少不該與之相差過於懸殊；對內部公平性來說，最關鍵的是「不患寡而患不均」，其主要表現在縱向公平和橫向公平上，縱向公平要求不同級別的員工之間薪資應該拉開差距，橫向公平則要求企業根據不同部門對企業的重要程度設定不同的薪資標準。

其次，需要按照合理的程序對薪資體系進行設計。合理的薪資設計體系是保證薪資公平性的基礎，而薪資體系設計的合理性主要表現在薪資體系設計與企業的發展策略相結合上，這樣可以使收入分配向對企業的策略發展做出突出貢獻的員工傾斜，以達成企業的策略目標。

最後還必須將付給員工的薪資與其工作業績做連結，否則，組織的薪資體系不僅起不到激勵作用，甚至會形成障礙。

另外，不論是 HR 經理還是員工，並不會因為公司每年定期增加薪資或福利，就能凝聚員工。

在人力資源開發和管理中，薪資福利管理是一項重要的內容。薪資制度是否合理，給予員工的福利是否讓員工滿意，不僅關係到員工個人的切身利益，也將直接影響到企業的人力資源效率和勞動生產力，從而進一步影響到企業策略目標的實現。因此，幾乎所有的企業都十分注意薪資與福利體系的設計。儘管如此，可我們仍然聽到許多關於薪資福利方面的抱怨，而員工對於薪資福利的滿意度

也未達到企業期望的水準。

　　原因在於目前人力資源界似乎已經習慣於這樣的模糊理論 —— 滿足員工的需求，企業就能夠產生激勵作用；而事實上，和我們接觸的許多人力資源經理都會對此有所抱怨：員工並不會因為每年增加獎金、福利或者得到晉升，就能更加努力工作。這又是為什麼呢？

　　其實，員工除了有諸如薪資、福利等物質需求外，還有個人成就感、受重視程度、共用好的工作環境等精神方面的需求。這種需求因其隱蔽性的特點，容易被管理者忽略。而這些往往是人力資源管理的盲點，也就造成了企業通常無法有效滿足員工需求的後果。

　　所以，我們強調的是人力資源管理者應該區別對待處於不同發展階段員工的不同需求，對症下藥，因才鼓勵。透過人性化管理來提高員工對精神需求的滿意度，如創造更好的職位發展空間、賦予員工管理和控制自己工作強度的權利、給員工展現自身工作特點和能力的空間、提供員工創造個人成就感的機會等。只有在這種環境下，優秀的人才才有充分展現才華的機會，才能將個人的發展目標與公司的發展目標相融合。

　　以下是雅芳公司的薪資管理案例，希望對大家有所啟示：

　　為了吸引和保留優秀的人才，雅芳提供的薪資福利在勞動市場上是具有競爭力的。公司依據國家和政府政策的要求，順應公司外部和內部環境的變化，而進行不斷的評估、檢討和調整，確保公司的薪資福利水準具有競爭力。雅芳堅信：只有維持具有競爭力的薪資福利，才能吸引、保留、鼓勵和獎賞高績效的員工，充分發揮雅芳人的力量。

紅包是年關最後的心跳

　　能不能拿到紅包，拿到多大的紅包，年終未到，職業上班族早已開始惦記起來。有人上足發條衝刺，期待業績評估表中偉大的基數會給自己帶來一個漂亮的百分比；有人戰戰兢兢，生怕每一個細小的動作都會引來上司和同事的不利評價，將導致年終紅包打折扣；有人跑在職業快車道，輕輕一衝就會紅包滿滿「錢」途無量；有人優柔寡斷，紅包和跳槽兩者權衡著、失眠著。

　　而企業總經理也關心員工年終紅包，某企業老闆一手拿著顯示業績良好的財務報表，一手拿著上百個員工名單的年終分紅表格，不知如何下決定。因為去年年終發紅包，骨幹人員每個紅包從五萬至二十萬元不等，可是發完以後，一直到大年初一都在忙著解釋為什麼有人多、有人少的事實，三月分還「丟」了幾員「愛將」。

　　一邊是員工望著年終紅包「嗷嗷待哺」，一邊是一籌莫展的企業，員工急著拿年終紅包，企業擔心發不出來，如何讓年終紅包發者、拿者都順暢自然，除了對年終紅包要保持一個良好的心態外，還要聽聽專家的意見。那麼究竟年終「紅包」有幾種形式，不同級別的人員在年終的紅包重量又如何呢？

(一) 年終紅包有幾種

　　對於企業來說年終紅包有三種形式：績效獎金、年底雙薪和除上述兩種以外的其他年終獎金。

　　績效獎金是指員工與公司在每年的年初簽訂績效協定，並根據績效目標完成情況而獲得的年終績效獎金部分，績效獎金是根據績效管理，充分表現按績分配的原則，是一種管理難度較大但管理精

度較好的獎金分配方式。

年底雙薪是一種較為簡便可行的年終獎金分配方式，是那些穩定發展的企業普遍採用的方法。操作方法是指除十二個月薪資外，再額外分配

給員工的一個月、兩個月或三個月不等的薪資數作為獎金，資料顯示，有將近 70%左右的企業年底實行雙薪制，個別年分接近80%。

其他年底獎金，是指除上述方式以外設立的年底獎金，如技術革新獎、優秀員工獎等，大約有接近 20%的企業會設立該獎項。

(二) 年終紅包有多重

從某公司連續追蹤十一年的年終紅包資料看，績效獎金的變動性比較大，經理及經理以上層面的平均績效獎金從二十至三十萬元不等；年底雙薪比較穩定，一般的平均值固定在四至五萬元之間；其他年終獎金的平均值在幾千元至三萬元之間，從總體來看，經理層面的平均年終獎金在五萬元至八萬元左右，其中不包括分紅。

主管層級人員的績效獎金的平均值的歷年範圍從五萬至十萬元，年底雙薪的範圍從三萬至四萬元，其他年終獎金的範圍是三萬元至四萬元。作為主管，一般年底可以得到的年終獎金的平均值為三萬元至四萬元。普通員工層級人員的績效獎金的平均值的歷年範圍從五千至一萬元不等，年底雙薪的範圍從兩萬五千元至三萬五千元不等，其他年終獎金的平均值為兩萬元至三萬元不等。可以看出，相對於經理和主管層級的人員，普通員工的年底特殊榮譽的獎勵與其他年終獎金的比例相對較高，普通員工一般年底可以得到的獎金平均值為兩萬至三萬元。

工人層級人員的績效獎金的平均值的歷年範圍從兩萬八千元至三萬五千元不等，年底雙薪的範圍從兩萬元至三萬元不等，其他年終獎金的平均值為兩萬元至三萬元不等，可以看出，工人的年底特殊榮譽的獎勵與普通員工相比，差距並不大。工人一般年底可以得到的獎金的平均值為兩萬元至三萬元。由於工人中包含了相當的中高級技術工人，他們的收入有時並不比白領主管甚至經理低，只是由於工人數量較多，他們的收入在平均值中無法表現而已。

銷售人員是社會上普遍比較注意的人員，銷售人員的績效獎金的平均值的歷年範圍從兩萬元至四萬元不等，年底雙薪集中在兩萬八千元，其他年終獎金的平均值為兩萬元至十萬元不等。可以看出，銷售人員的年終獎金幅度要比其他類別的人員都大得多，銷售人員年底可以得到的獎金的平均值為兩萬元至四萬元。

紅包的 N 種存在樣式

樣式一：現金紅包

現金是紅包類型的傳統項目，那麼現金紅包的分量肯定是每個上班族都關心的問題。一般來說，現金紅包肯定是因企業而異、因人而異。

但是就普遍性而言，常規性的現金紅包數額根據下面一個或者幾個標準進行結算：企業總體收益或者人力成本預算、當地消費水準曲線、個人獎金或者薪資的百分比、業績評估核算以及從業時間與資歷、市場價值等。前面兩個是大環境性的參考因素，企業內員工會相對平等；而真正會對員工產生激勵效果的更多的是後面三

個差別因素，他們會為員工個人在企業內部的橫向對比帶來心理影響。

對於企業來說，現金紅包要慎用，否則一旦評價方法的公正性出了問題，很容易發了紅包還不討好。而且，因為紅包分配問題造就了勢利眼員工就得不償失了。

樣式二：物質紅包

國計民生、衣食住行是人的生存基本，許多企業用實物來替代一部分現金，表現一種生存關懷增強員工對企業的歸屬感。物質紅包也是紅包歷史發展的傳統項目，但是隨著時代的變遷，物質紅包內容也相應發生著變化。許多人說，當今社會，柴米油鹽的物質獎勵肯定已經無法激勵我們的上班族。但精品家居、食品仍然在上班族心中占有重要的地位。柴米油鹽是人類永恆的話題，只是隨著生活水準的提高，對於物質紅包的品質最為看重。

樣式三：時尚紅包

社會流行、社會地位和生活品味，是上班族和中產階層的共同話題。許多企業與時尚接軌，為員工發放時尚紅包。時尚紅包的內容跟隨時代潮流，充滿了人文關懷和物質關懷。大到贈送房子、汽車鑰匙給員工，這些物質獎勵對於都市聚居族來說是很大的激勵，能培養員工企業歸屬和實現更好的生活品質；小到健身會員、高級品牌護膚品、度假娛樂消費券等，小範圍提升員工生活品味能調節他們的工作情緒，並表現出企業鼓勵健康生活的人性關懷管理理念。

時尚紅包一定要表現當今社會潮流，要符合員工喜聞樂見的口味。管理者不能簡單根據自己的喜好來決定時尚紅包的內容，否則

成本的付出沒有激起員工的共鳴將令人遺憾。

樣式四：人情紅包

榮譽，是社會人的重要精神需求。職業顧問在常年案例諮詢中發現，上班族對於年終考核中企業對自己的評價十分看重，能夠獲得獎項和榮譽是令人驕傲的事情。公司可以採取很多種方式給員工發放人情紅包，如高層主管或者老闆的問候和接待，提供出國、進修和培訓的機會，發放公司股份並列為榮譽員工等。這些人情紅包在很多時候要比現金、物質更具鼓勵性。

人情紅包要注意以「實」為準，確確實實根據員工的年度表現和發展潛力而定。任何形式上的所謂精神鼓勵肯定會帶來負面效果，而且如果企業本身薪資福利問題重重，解決員工的物質問題一定要至少和精神管理並重。

這四種紅包樣式與企業屬性有沒有直接關係呢？一般來說，跨國外資企業對於現金紅包和時尚紅包相對推崇，而人情紅包通常授予中高級管理層的員工。在私人企業中，現金紅包和物質紅包相結合，而一些處於快速成長期的以年輕人為主題的企業已經意識到時尚紅包的重要性並開始部署實施。公營企業紅包主要由人情紅包為主體，輔以現金和實物，而近年來轉制成功的公營企業也在紅包樣式上進行了改革，更注重務實的獎勵。

專家觀點

①個人：拿到大紅包的三大成功法則

年終將至，拿個幸福的大紅包已經被列為上班族短期職業目標。要完成這個目標，還得記住以下法則：

第五章　額外「薪資」多爭取

法則一：努力成為員工中的積極骨幹，特別是要在績效上成積極分子。在職業方向正確的基礎上，自己的職業發展軌跡要始終和企業的核心部門、核心業務相關聯，這是保持和提升自己職業競爭力的前提。骨幹型員工肯定是企業發紅包的重點對象，因此上班族們要時時盤查自己的職業發展狀況，找到適合自己的發展曲線，在企業中客觀定位，才能對最大限度的紅包占有率心中有數，在去留抉擇之間也要知道努力方向，拿到最完整的紅包。

法則二：讓自己成為企業中實實在在的成長者，保證自己競爭力提升的持續性。企業發放紅包的權衡點之一，就是該員工對於企業未來一年或者幾年的貢獻潛力評估。如果你無法找到自己的定位，無法了解自己如何在企業中找到適合的發展目標，恐怕大紅包不會落到你的手裡。要找到並鍛鍊自己的核心競爭力，從而保證自己職業價值的穩定成長，相信大紅包不會少了你。

法則三：與上層主管保持良好關係，獲得積極評價將對你的紅包大小產生強大的影響。除了日常的人際關係建設和維護，我們要在這個關鍵時期採取措施主動贏得上司的信任，比如詢問上司對自己工作的看法和意見，回饋自己的工作資訊，最終得到對方的理解和信任，將正面促進自己職業良性發展。我們不贊成阿諛奉承的職業作風，而是一種在強烈事業心基礎上的職業化行為。在年終總結階段，積極主動的人際溝通能使你發現自己的工作問題，改善後的人際氛圍帶來的更大紅包當然更好。

②企業：發紅包要講究公平

年終紅包是員工獎勵系統中重要的組成部分。企業為了避免吃力不討好，重要的環節是把握住公平原則，不同層級之間要公平，

同部門要公平，不同部門之間也要公平，股東權益、經營者權益和員工利益之間也要公平。公平的難點在依據以及用於衡量依據的評估系統，績效獎金的發放就依賴績效評估以及整個績效管理。

說得簡單一點，就是員工每做一件對企業有利的事，都要記錄起來，做錯一件事也要記錄，這樣才能在年終給員工一個說法，使企業的目標成為員工的目標，使企業的事情成為員工自己的事情。

第五章　額外「薪資」多爭取

第六章

行進在加薪的隊伍裡

如何要求加薪

在目前這段艱難的經濟時期裡，由於薪資凍結、失業停工以及公司普遍實行嚴厲的緊縮政策，請求獲得一次加薪或提升並不是一件容易做到的事情。如果你在幾年前接受的工作其薪資低於你的自身價值，或許你渴望能夠提高自己的薪資；即便在過去兩年中，你對自己的薪資收入感到滿意，你或許也希望能夠盡量使收入保持在穩定階段。

無論在什麼困境中，人們都希望自己能夠得到提升；然而你不能夠確定，應該採取何種途徑達成自己的願望。本文提供了一些爭取獲得提升的策略，以及應該避免的事項，幫助你選擇正確的方式，從而把握住下一次的提升機會。

（一）造成以下幾方面的錯誤

首先我們注意一下哪些錯誤應該避免。

不要因為你在公司的任職已經超過了一年，就認定自己應該獲得提升或加薪。「獲得提升或加薪取決於你的個人能力和工作表現，而不是取決於工作時間的長短。」《The Wealthy Spirit：Daily Affirmations for Financial Stress Reduction》一書的作者 Chellie Campbell 說。

「在公司任職的時間僅僅只有一年，即便在此期間你廢寢忘食、多次加班，也不能因此作為提升加薪的要求。」Campbell 解釋說。

因此，在與上司進行交談時，你不應該表現出情緒化或小氣量。沒錯，你工作得很賣力，但是所獲得的薪資過低。如果你的上

司並非這家公司的所有者，當他支付你過低的薪資時，並不意味著他本身存在過錯，或許他的處境也和你一樣，也被支付過低的薪資。另一種情形下，你的上司擁有這家公司，那麼你必須控制自己的情緒更努力工作，因為你所賺得的每一分錢都是由你的老闆直接支付，因此你需要認真工作，使他樂意為你支付令人滿意的薪資。

需要注意的是，薪資下降是個普遍存在的現象，抱怨它並不能起到任何幫助作用。不要使你的雇主猜測你有什麼想法。當上司詢問「你現在期望得到些什麼？」時，顯示這個詢問非同尋常，此時你不能因為覥腆而不予回答，也不能故作聰明的回答：「嗯，我希望得到一次提升和加薪，才能反映出我給公司帶來的效益和價值。」當你明確地提出：「基於我現在從事的工作，以及在過去十八個月中取得的附加收入，我相信自己能夠賺到七萬五千美元至八萬美元。」事實上，你已經對雇主明確提出了你的希望。在你明確提出要求時，需要確定的是，你的請求能夠得到可靠的資料支援。

(二) 尋求得到提升機會的途徑

當你尋求得到一次提升或加薪機會時，你應該做哪些方面的努力？

你需要做好調查研究工作：

不要指望你的雇主能夠了解你為公司引入了多少新業務，或者你為公司做出了多少貢獻。職場不同於學校，唯一了解你的工作業績的人，還是你自己。

因此，你需要坐下來考慮，應該從哪些方面入手才能有助於平衡公司的資產負債表。如果你想不出任何能夠幫助公司賺錢的主意，那麼說明你自身存在問題。如果你認為作為一名 IT 經理，並

不意味著需要為公司引入新業務，或者不認為這是自己的職責所在，這種觀念是錯誤的。當你為一家公司效力時，你應該總是設法使公司得到不斷發展；一旦你充分發揮自己的能力，將自己為公司創造的價值或節約的成本展現在上司面前，將使你提升或加薪的希望更容易得到實現。

保持樂觀：

假如說你希望自己的年收入能夠提高到八萬五千美元。Campbell 的建議是：你至少應該在提出加薪要求的一週之前，每天至少二十次對自己說：「我每年收入八萬五千美元，並且我的收穫是與付出相等的。」這樣做或許有一點矯揉造作，但並不會讓你有所損失。

「你所付出的努力將逐漸被人們所了解和認可。」Campbell 說，「如果你保持積極、愉快的工作態度，並且堅定必勝的信念，人們將樂於接近你。」Campbell 補充說：「減少對工作的埋怨，並且樹立成功的信念，當然這不是一朝一夕能夠做到的事情。」

了解市場取向：

你可能期望年收入能夠達到八萬五千美元，然而，如果你是剛剛畢業開始工作，目前正為 Des Moines 一家小型軟體公司工作，那麼這個想法於你而言只是一個不實際的夢想。對於你所期望的生活方式，你不能僅僅是簡單或任意進行想像，而是必須實際理解，在同一職位上的其他人能夠獲取的收入水準。

（三）結論性意見

如果你別無選擇接受了一份工作，然而薪資與自己所期望的薪資標準相差甚遠。此時，你需要使自己的上司了解，你樂意從事這

份薪資過低的工作。這是一個重要的心態轉變過程。

「當你的上司不認為應該支付你更高的薪資時，你不應該使自己陷入不利的境況。」Campbell 說。因此，如果你的加薪請求被拒絕，這可能只是時機不恰當的問題。

Campbell 補充指出，當公司不願加薪時，你最好的做法是與公司堅持到底。

Campbell 告誡大家：「如果你對公司的發展前景充滿希望，並且能夠得到老闆的器重，那麼你應該下定決心堅守住這段困難時期。然而，當你們在討論加薪問題時，你需要得到一些明確的書面形式的承諾。」

對高科技領域來說，收入水準正在逐步得到回升。因此，如果你清楚自己的價值，你就能夠獲得自己應該享有的權益。這僅僅是一個如何採取正確方法和途徑的問題。

要求加薪，老闆會有看法嗎

薪資是反映工作能力和成就的最直觀的方法之一。不管你是享樂派還是工作狂，想要漲薪資總是難免的。

要想漲薪資，無外乎等著老闆主動加薪和主動找老闆加薪兩條路。最理想的結果當然是老闆下察民情，體恤員工，主動漲薪資。當你努力工作，盡力表現，夜夜想像著明天一早老闆把你叫進辦公室，和藹可親的對你說：「辛苦了，做得不錯，我決定給你加薪。」苦苦期盼，這個激動的時刻卻一直沒有到來。

用時下流行的一個句式來說：「你想要你就說嘛，你不說老闆

怎麼會知道你想要呢？」、「與其等待與守候，不如⋯⋯」所以，現代、果敢、獨立的你很可能就會選擇主動進攻。到了這裡，問題才真正的出現了，或許絕大多數也和你有同樣企圖的人都會在發起進攻前想到這樣一個問題 ── 我跟老闆要加薪，他們會有看法嗎？

老闆肯定有想法！問題是老闆對你會有怎麼樣的看法？這些看法會不會對你不利？某管理顧問有限公司針對這個問題，對企業管理層和人力資源部門進行調查，發現資方對於員工加薪要求的看法有一定共同點，讓我們來看看他們是怎麼想的。

（一）開始注意員工穩定性問題

員工提出了加薪，說明員工不再安於現狀，職位的不穩定因素增加。作為老闆，應該怎麼應對呢？是答應要求提高員工待遇，以求員工忠心度的提高、職位穩定的增加呢？還是駁回要求，並為可能出現員工離職的情況做出對策呢？一般情況下，老闆從不認為錢是解決穩定性問題的關鍵。

（二）員工的自我評價太離譜

有些員工是想加薪就要求加薪，根本沒有客觀評價自己為公司創造的價值。要加薪憑的還是實力，有實力才能有話語權。如果這個提出要求的員工本來就是個可有可無或者本來就沒有使用必要的人，這種行為無異於自尋短見，等於逼著老闆「快刀斬亂麻」。很多情況下，提出加薪的員工通常都已經或是正在為自己找後路。如果不答應加薪，他就會走人。如果這個員工有能力，有實力，那麼這樣的要求就是一次逼宮。你亮出了自己的底牌，給了老闆兩條路，是或者不是。接著老闆會對你的實力、潛力、忠心度進行重新估計（這個估計的客觀性公正性當然也是問題），並做出抉擇。

可以看出，對於員工的加薪要求，企業和老闆一般都會持謹慎的態度。如何能夠讓自己的加薪計畫得到實現呢？

(三) 需要考慮企業文化和公司管理風格

相對來說，在開放溝通性的企業文化中，員工的加薪要求更容易實現些。因為在這種鼓勵競爭的價值評估體系下，貢獻和收入的關係更加緊密，老闆也樂於與員工探討價值問題，也樂於用物質方式來提高員工的工作積極性，刺激大家為公司創造更多的財富。

(四) 加薪需要理由

理由一：個人重要性

如果你是一個任職於 IT 企業的軟體設計部門，那麼你就比同公司人力資源部門的同事更可能理直氣壯的提出加薪，因為你處在公司的核心部門。這一點是很重要的，市場決定價值，你值多少錢不是你自己說了算的。對於公司來說，你創造的財富越多，你就越值錢，為了能留住你這樣一棵搖錢樹，甚至老闆會主動給你加薪。如果你只是一個邊緣人，那還是乖乖的，不要貿然觸及這個敏感的話題，免得羊肉沒吃到，倒惹了一身的羊騷。自己的職位是否處於公司核心部門或與公司核心項目緊密相連，是加薪成功的決定性因素之一。

理由二：工作合適性

如果工作不在自己正確的職業生涯發展路線上，加薪很難，自己沒有發展前景恐怕現在的身價都難保了。這是一個長遠的問題，為了一時還是為了一世。每個人都有自己獨特的職業氣質和屬性，都有不同的職業興趣和傾向，都有自己的能力潛力模式。這些因素決定了每個人都有一個適合的工作，適合的職位就是你實現自我價

值的舞台。只有找到了合適自己發展的舞台，你才有不斷發展的機會。有了個人和職業的高度匹配，才能讓自己的「薪情」好起來。

前面兩點是從員工的角度出發、分析得出的觀點。反過來，還應該再從資方的角度考慮問題，讓自己的加薪要求建立在客觀理性和公正的基礎之上。

「你值得嗎？」

這是老闆在遇到加薪要求時通常會首先考慮的問題。你的績效如何？你為公司貢獻了多少？你的這些貢獻和你現在所獲得的報償是否匹配？如果不匹配，那應該再給你加多少？如果答應了你的要求，會給公司帶來什麼變化？會不會因此打破薪資平衡，引發其他員工的不滿？這一系列的疑問歸根究底就是四個字「你值得嗎？」

「你合適嗎？」

就和前面提出的「你值得嗎？」一樣，公司面對你的要求時，也會從更長遠的角度來思索。或許目前的你是不錯，但是對於變幻莫測的未來，你是否還能從容把握呢？或許你現在的能力就是你的極限了，這樣的話在加薪續約還會有意義嗎？

這些問題是你在提出加薪之前必須要好好考慮的問題。

跟老闆提加薪不是一件很隨便的事，也不是一件時常都可以發生的事，所以預先做好充分的準備，考慮一下各種可能出現的情況，權衡一下各種情況所導致的利弊得失，再來想想到底還要不要加薪，只有這樣才會有更大的把握。

（五）談加薪還要有技巧

在周全的考慮之後，你決定要向老闆提加薪。這時你需要合適的技巧。技巧使用的得當與否和最後結果有著很直接的關係。專家

們給出了以下兩個建議。

1. 明確表述自己的意圖

既然決定提加薪，就不要再思前想後、猶豫不決了。鼓起勇氣，用最直接、最明白的方式表達你的想法、提出你的要求。如果你表達不清，不僅無法起到你想像中的含蓄效果，反而會事倍功半。所以，一定要表達明確。

2. 最好找直屬主管解決問題

直屬上司應該是對你的工作績效、工作能力最有發言權的人了。直接找他談不僅能表達你的意圖，也可以避免一些不必要的麻煩。要知道，主管對於下屬越級報告是很有看法的。而且如果你越級上報，對方也不一定對你有什麼了解，效果反而會打折扣。

如何向老闆提出加薪

（一）正確估計自己的價值

在向公司提出加薪之前，應該就自己對公司的實際價值有一個正確的估計。要肯定自己不是因為業績不佳而沒有得到加薪的機會，想一想自己出色的完成了哪些專案，在哪些工作方面還能有所提高，以及在未來你還能為公司做出哪些貢獻。要知道，工作上的成功是你獲得加薪的基礎，你必須讓老闆知道你是值得加薪的。

如果上一次的評鑑結果很好，如果你的任務越來越具有挑戰性，如果你擁有老闆所需要的獨特才能，如果你的上司以及上司的上司都喜歡你 —— 說明你已被看成是一位很有價值的員工。但如果你連自己分內工作都做不好，你拿什麼和老闆談？

第六章　行進在加薪的隊伍裡

當然，「對自己進行一次考核前的自我評估的最佳辦法，就是把你的腳伸到就業市場裡去。」梅塞爾集團的商業心理學家麥克爾 · 梅塞爾說，因為知己知彼才能百戰百勝。當你在充分了解其他同行的薪資以後，才能夠比較客觀的替自己爭取到應有的薪資待遇。但如果你的比較結果是自己的薪資遠遠高出了同類水準，那該怎麼辦？是否該撕掉相關的證明材料並且永遠不在你認為無知的上司面前提及此事？絕對不是。因為你的上司並不是傻瓜，他完全比你還清楚現實的狀況，而他採取這樣的方式或許只是想激發你更多的內在潛力。你可以對你的老闆說：「據我了解，我的薪資已經遠遠超過這份工作的平均水準，這顯示你對我的重視。我想知道，我還需要做些什麼才能晉級？」

然而，無論你的薪資比同行高還是低，最重要的還是你的業績紀錄。如果你一直保持良好的業績，並且始終表現出色 —— 工作努力，具備創造力，你才夠資本與老闆談加薪。僅僅是在提出要求前一週才開始加班，是毫無意義的。

（二）把握時機注重策略

何時開口提出加薪，也是有講究的。要選擇你的老闆比較輕鬆的時候，在他心情不好或者忙碌的時候，最好不要談這事。而且要注意挑選合適的時機，如公司近期業績成長，或者你剛剛順利完成的大專案給部門增光的時候。如果公司由於業績下滑，從而大幅削減員工獎金，甚至凍結薪資的時候，要求老闆加薪，就有點像痴人說夢。而且即使你鼓起勇氣要求老闆加薪，他也會告訴你公司目前資金短缺。但如果你可以詳細設計出自己的計畫，並且告訴老闆你將採取什麼辦法幫助公司擺脫困境，那你也不必絕望，因為沒有老

闆願意失去他最好的員工。

另外，許多員工在要求加薪時會感到難為情，因此也就取消了他們的要求。《人往高處走》一書的作者蘿拉‧伯曼‧福特岡說：「解決辦法就是與每一個人，甚至包括你家裡養的寵物一起進行一次又一次的練習，以便你在走進上司的辦公室時就能確切知道你打算說些什麼，而且你能夠有力的說出來。」並且要對自己的表現有信心，要確信自己的業績值得加薪。先說服自己，你才有可能說服老闆。

作為開場白，你應該說明你為什麼覺得自己的薪資應該比現在多。假如你有任何可以被證實的數字，可以禮貌的提出來。你可以說類似這樣的話：「我已經注意到我這個職位的平均月薪是五萬元，考慮到我過去六個月的業績，我希望你能夠重新評估我目前四萬元的月薪。」而不是和老闆大談你正在貸款，同時有買車、買房等個人消費問題。而且在談到你的工作為上司以及公司帶來利益的幾個方面時應該具體舉例，然後就可以提出一個具體數額。「我希望是五萬元。」若經過反覆思考，可以把這個數額定在五萬五千元，所有優秀的談判者都會開出一個高於自己覺得自己所值的數額，你為什麼不可以？

(三) 不要臨時抱佛腳

等到想要加薪了才臨時抱佛腳，就如同等到你汽車突然熄火了才被拖到加油站加油一樣。定期給自己的事業補給一些燃料，可以輕鬆保持事業的順利運行。

除了平時努力工作以外，你還應該經常向你的上司提到你的進步和成就，最好能經常拿出定期的工作現狀報告，既可以是每週

的、也可以是每月的，並且直接寄去上司的電子信箱裡。這樣的報告可以十分簡單，它應該包括有三個內容：「我正在做的事情」、「工作現狀」以及「完成日期」。而且要保證它具有足夠的吸引力，列出那些你正在做的重要事情，而那些微不足道的項目就不要事無鉅細寫上去了。

透過提醒上司告知你的工作狀況，不但可以讓你的上司知道你是多麼努力的一個人，還能幫助上司注意到所發生的事情，而讓他的工作更加輕鬆。同時，這樣的報告副本也是你加薪的實際證據。

（四）不要忽略隱性薪資

在與老闆談到加薪的時候要注意，一份高薪固然值得誇耀，但也千萬別忽略了以福利形式表現的隱性薪資。

想加薪，如何向老闆開口

在公司由於業績下滑，從而大幅削減員工獎金，甚至凍結薪資的時候，要求老闆加薪，似乎有點像痴人說夢。你得了解每年公司是否給所有員工統一加薪？或者每名員工要自行和公司討價還價？找到合適的機會，鼓起勇氣要求老闆加薪，也許他會告訴你公司目前資金短缺。這時你不要絕望，記住，沒有老闆願意失去他最好的員工。

人力資源顧問表示，在要求公司加薪前，要好好地自我反省一下。要肯定你不是由於一些類似工作表現不佳的原因才使你今年沒有得到加薪的機會。或者想一想你完成了哪些專案，在哪些工作方面你還能提高，以及你在未來還能為公司做出哪些貢獻。

　　首先要目標明確。問問題前，要考慮清楚老闆認為如何的表現才算是他滿意的，因此你要知道自己應該怎樣做才能達到目的。

　　將考慮重心放在未來，留意你的公司要過多久才能再有加薪的能力。專家建議將自己定位成是公司的核心員工之一，這樣你就是公司加薪的對象之一。

　　不要魯莽衝動。專家提醒，不要以威脅離開的方式要求公司加薪。在找老闆談話之前，要提醒你是在為自己的未來作打算。圍繞你的需求問老闆問題，但不要只顧你自己。確信你提出的建議能使公司整體受益，越少說你自己想要什麼和別人沒有什麼，你就越能讓自己接近目標。

1. 給出加薪的替換方式

　　不要在基本薪資問題上與你的老闆直接交鋒。由於員工薪資是公司的固定成本，所以提升員工薪資將意味著加重公司的負擔。因此，你可以換一種方式要求加薪，例如，讓公司給你部分認股權或加少許獎金等。

　　提供一些可供老闆選擇的加薪方案，也是方法之一，但要確定這些方案在實踐中都是具有可操作性的。薪資顧問建議，可要求老闆提供更好的辦公場地、停車場或通訊設備等。這些東西雖然不能讓你看到實際的薪資加幅，但實際上是增加了你的收入。如果你的公司規模較小，你可以要求老闆報銷你的部分費用。

　　也不要只盯住你的薪資現金帳戶。如果你的公司資金短缺，你可以向公司要求一些非現金薪資。例如，可以要求公司壓縮一週的工作時間，實行彈性上班制或給予額外的休假時間。薪資顧問表示，當一家公司實在沒有能力給員工加薪的時候，它將更樂意給員

工提供上述的補償。然而你要注意的是，不要由於你增加了在外頭的時間，而讓你的同事陷入被動局面。

同時不要忽視了你的職業發展。雖然職業發展不像現金薪資那樣是實實在在的，但職業生涯的發展機會才是無價的。這些機遇不但可以幫助你在公司經營有起色的時候，迅速提升你自己，而且還能讓你的才能全部施展出來。

2. 加薪妙法爆笑版

(1) 講理法：「老闆，我工作，您領功拿賞。功我不要了，錢總得分我一些吧。」

(2) 對比法：「老闆，再給我一萬，我開的還是小豐田，哪能和您的凱迪拉克比。」

(3) 同情法：「老闆，我上有老、下有少，中間還有個好吃懶做愛花錢的老公／老婆。」

(4) 輸球法：常陪老闆打高爾夫，每場必輸。

(5) Blackmail 法：「老闆，祕書 O 小姐取笑我，說我一年賺的還不夠你們假裝開會用公款到歐洲浪漫一星期的開銷。」

(6) 分紅法：「老闆，您獎勵我兩萬元，我分您一萬。」

(7) 入股法：「老闆，我在研發永動機。快做成了，只是還差五十萬元，您先捐給我，以後您做股東。」

(8) 暗示法：在老闆面前大聲讀關於員工槍殺上司的報導，然後嘆道：「可憐的人，薪水都不漲，才發生這種事！」

(9) 拂袖法：「不漲薪資，我就走人！」（此為上計）

加薪，加薪

據說，又有一位同仁加薪了，你暗自埋怨上司：「為什麼他可以加薪？我卻加不了薪資？」

想一想，為什麼這些人能加薪，而且有些人似乎是常常加薪？而你為什麼總是無法順利說服上司為你加薪呢？

要求加薪，不應該只是單方面「告訴」上司，而應該是雙向溝通；也就是說，你必須聽到上司的聲音，依據他的回應與看法來修正你的論點與看法。可惜的是，在我的管理經驗中，大約八成的人只是單向告訴，只有兩成的人懂得雙向溝通。

曾經有一位員工的試用期到了，考核過後，公司為他加了7%的薪資，他雖然不滿意，卻沒有向我表達。後來，他寫了一封電子郵件，只問我對他的表現有什麼不滿意之處？事後我才知道他是想要加更多的薪資。

我認為，這封信的措辭如果是「對於加薪，我有一些問題想要請教您？」會適當一些。儘管如此，我還是找他進辦公室來談話。

他問我，我對他有什麼不滿意。隨後計算他每個月家中的開銷，告訴我，公司給的薪資不夠支付。

聽了他的說法，我覺得很遺憾，因為員工的價值在於是否達到工作的標準，不只是員工的需求。良好的雙向溝通，員工應該向上司強調他的貢獻、他所創造的價值。儘管員工拿出其他企業同職位的薪資水準，也不見得是合適的說服方法。

對於說服的管道，我認為，最佳的管道是面對面談話或打電話，實在不方便才寄電子郵件或發送簡訊。因為，看不到對方的表

情與口氣，將會造成不必要的誤解。

衷心建議，任何成功的溝通都需要事先計劃與執行，更何況是在談加薪、談自己的事業與未來。

要求加薪，必須秉持委婉與中肯的態度，以下有幾個步驟可以參考：

（一）了解上司的需求。事先了解上司的需求與目前待解決的問題。上司的需求，最好能與我想加薪的理由結合在一起。

（二）確立加薪的原因。釐清我在意的是什麼？我的疑慮是什麼？我想要的是什麼？我想要上司知道的狀況是什麼？你在意的不一定要告訴上司，但是你必須釐清。

（三）收集說服的資料。盡量找出有力的資料與證明來說服上司。比如，想要強調工作的分量增加了，可以用資料比較過去兩年與今年的工作量，讓上司作為參考。

（四）講清楚說明白。把想問上司的問題問清楚，大多數人儘管喜歡「不直接」的溝通，但還是需要把自己想要加薪的原因說清楚。比如，許多人常間接問上司：「我三個月的試用期到了，是不是應該有績效考核？」建議還是直接對上司說：「三個月試用期到了，我認為我的表現為公司爭取許多業績，您認為，是不是值得加薪呢？」

（五）詢問上司的看法。清楚說明想要加薪的原因之後，一定要反問上司的看法如何？大多數人單方面說完想要加薪的原因之後，就不了了之。建議你陳述完後，可以問上司說：「您覺得呢？」

（六）根據回應修正自己的要求。也許上司做了解釋，顯示暫時無

法加薪，但是，不要馬上就放棄，你必須再修正你的要求，再次詢問上司的看法。

（七）得出具體結論。談加薪就像談合約，在合約上應該有清楚、明確的同意事項與時間，讓雙方都很清楚。但是許多人往往不好意思問，或忘了向上司要求具體的結果，比如：時間、數目等等。建議你可以說：「我知道公司目前有困難，我自己也必須考量我生活上的需求。我想知道，您什麼時候可以給我答案？」

任何事，如果你能屢試不爽，會鼓舞你一試再試，這是人之常情，也是許多人一而再、再而三加薪成功的緣故。所以，如果你總是難以加薪成功，那麼，為什麼不為自己創造一個成功案例，打破加薪不成功的紀錄呢？

擔任管理工作多年，我認為溝通成不成功，不在於你是否要到你想要的，而在於雙方是否「心服口服」？是否移除了心中的芥蒂？而且，縱使你得到了你想要的，對方是否跟你一樣開心，或是比你更開心？

或許，這一次你試過了，依然加薪不成功，但是至少你做了雙向溝通，讓上司了解你，你也更了解上司，這也會為將來的加薪種下一個成功的因，不是嗎？

祕密消息：想要加薪嗎

步驟一：打探你的市場行情

想要求加薪，首先要證明自己薪資確實比別人低的事實。要想

第六章　行進在加薪的隊伍裡

不動聲色探知同行間的薪資狀況，可以試試以下方式：

到職業介紹所或人力資源網站等相關的機構拜訪和諮詢，可以獲悉各行業基本的薪資範圍以及自己是否有當面議價的工作機會。

瀏覽了各行各業的招聘啟事後，你可以進一步尋求相關領域前輩的意見。這時記得先自我介紹、顯示自己在這個行業的資歷及負責範圍，最好能真實明確的說出目前所遭遇的狀況，讓對方深入了解，這樣有助於獲得如何加薪的最佳建議。

瀏覽了在網路、招聘廣告以及獲得前輩的指導後，你不妨投寄履歷、期望待遇給感興趣的工作，試試看是否有進一步面試的機會。畢竟，人事部門根據具體情況所做的評估，才是最實際且最有用的回報。

步驟二：替你的工作表現打分數

薪資所得其實並不能代表什麼，頂多只是說明你目前的職位在公司的重要性如何。所以，你的工作表現絕對關係著薪資的高低。倘若你的成績優異，工作也極富挑戰性、專業性和獨特性，頂頭上司也視你為手下愛將，種種的事實證明你是位難得的優秀員工，自然而然，薪資勢必也會有明顯且令人滿意的提升。

步驟三：工作的附加價值如何

除了薪資優厚外，相對的各種福利（也就是工作的附加價值）也要有所保障。或許你認為目前公司所支付的薪資根本不足以匹配你的身價，自己也另有打算，蠢蠢欲動想跳到高薪的工作環境，但切記要三思而行，若僅有高薪而缺少應有的福利，比如公司不願支付額外的生產補貼或是假期補助，勸你還是打消此念頭。

步驟四：隨機應變、善待自己

若你已警覺目前的薪資不值得再等待下去，不妨蓄勢待發另尋發展。「想以工作能力來達到加薪目的，表現自己專業能力是唯一心想事成的途徑。」二十八歲，任職公關專員的林先生陳述其親身體驗，「從整個大環境來評估，去年我每個月的平均所得其實差強人意。但我覺得自己絕對物超所值，應該有更高的薪資，於是我列出去年所經手的計畫及執行成果，向公司證明自己的工作表現。」林先生向上司列舉為公司所賺取的各項利潤，以及旗下客戶願意繼續合作的穩定度分析。他以鐵一般的事實向公司爭取加薪10%，林先生開心的說：「出乎意料，公司居然足足加了我 15% 的薪資！」

金九銀十跳槽月：如何提加薪

「金九銀十跳槽月」，在老闆最擔心人才流失的時候，向他提出加薪，不失為一招。但專家提醒，要說服老闆，不僅需要你信心十足，還要掌握一定技巧。

1. 有憑有據

說服老闆給你加薪確實不是一件易事，萬一操縱不好，就有可能破壞自己在老闆心中的良好形象，影響日後的工作。因此，在開口向老闆要錢時，最好先制定一個談話要點，然後有憑有據展開。當他意識到給你加薪有百利而無一害，甚至還能憧憬到不久就能收獲到滾滾財源時，你的目的就達到了。

2. 索求有度

人力資源專家在研究中發現，人們提出的高薪請求在許多時候都會跟實際可達到的高薪程度有很大差距。因此，在提出加薪要求前，一定要先研究同行業相關職位薪資的大體數目，再大膽索求，這樣成功的機率會更大。

3. 說話語調適中

你肯定希望老闆能心平氣和聽取你要加薪的理由，那麼反過來，當他陳述他的理由時，你也要心平氣和傾聽，然後再尋找突破口，協調一致。切記不要因一時心急，就採用下通牒、恐嚇或別的強迫方式令對方就範，這樣只會適得其反。

4. 明確目的所在

也許加薪並不是唯一解決問題的辦法？是否其他方式也一樣能讓你達到目標？其實，能讓你達到目標的方法還有很多，如分紅、股票選擇權、獎金、晉升、長長的年假、靈活的工作時間等等，這些其他的選擇會讓你覺得比加薪更實際。

5. 投老闆興趣之所在

你有你的要求和目標，你的老闆也有自己的要求和注意點。那麼，在跟他交談時，何不投其興趣之所在，大談特談，說不定目的達成之外，還有意外收穫。

6. 向同行看齊

如果老闆認為你的加薪要求並非信口胡謅，他也許能更容易接受。多收集相關資料說服他，比如說其他類似公司同職位人員所拿薪資的大致數字、你所了解到的本公司相關職位人員的薪資水準等等，這樣一來，他想不同意都不行了。

7.想好退路

萬一你的請求老闆不同意，怎麼辦？為此，你得事先想好對策，選擇好退路。是去是留，怎麼去、怎麼留，一定要考慮仔細了。

8.準備充分

精心做好談判準備，這是你唯一能夠控制的。這一點非常關鍵，只是要花費一番時間和精力做充分準備。

9.總結經驗適時再戰

每次都要總結談判的經驗：在談判結束之後，不論是成是敗，都要認認真真做好總結，列出重點，也找出不足之處，學會從失敗中找到成功的亮點。

五大因素決定你能否更上一層「薪」

（一）工作經歷

通常說來，豐富的工作經驗總是跟高薪如影相隨。不難想像，如果某個職位要求至少有十年工作經驗，但是你的經驗年資卻達不到，那麼就算你成功得到了這份工作，拿到的薪資還是會少一些的。

溝通技巧：如果你的工作經驗年資比招聘職位要求的少一點，就應把重點放在自己曾經的工作經驗上。雖然經驗年資達不到，但是如果你經驗很豐富，且業績一級棒，你能拿到的還會更多。

（二）教育背景

在名校中拿到學位肯定會對你獲取高薪有幫助；相反，從一個

不知名學校畢業拿到的薪資可能要比前者少一些。

溝通技巧：如果教育背景真的很重要，那就重點描述你在學校裡曾取得的好成績、曾參加的社團活動，這也足以讓人事部門對你留下深刻印象。

（三）你的 BOSS

如果你的直屬上司就是這家公司的老闆，那麼你的薪資就算再高，被降薪的可能性也很小。

溝通技巧：在與公司談薪時，弄清楚自己的直屬上司是誰，明確這個職位的發展空間。

（四）團隊的成就

你管的人越多，你的薪資肯定就越高，這是毋庸置疑的。當然，你成功與否也與整個團隊的表現、業績息息相關。

溝通技巧：把談話重點集中在團隊曾經取得的重大成績上。

（五）專業認證和著名機構成員資格

取得的專業認證、在某些專業機構或團體中的核心成員身分有助於獲得高薪。相反，如果沒有職位要求的專業證照，就算得到工作，薪資也會排在同等職位末端。

溝通技巧：如果你取得了某項專業認證，而此項證照並非招聘職位規定具備的，那麼你完全可以要求更多的薪資。

加薪有技巧，新年占先機

如何在新年伊始就得到老闆的加薪，如何讓老闆為你加薪後還喜笑顏開。職場人士提醒，加薪其實不可小覷技巧。

　　沒有老闆願意失去他最好的員工，但是，別誤會，「此處不留人，自有留人處」並不是那麼瀟灑，也許不過是事後的一句安慰罷了。這地球沒有了誰也一樣的轉，所以在開口之前先想清楚，是否能把現在的薪資穩穩保住。

（一）主動是第一要訣

案例：

　　李先生和陳先生一起在一家廣告公司面試，他們是最幸運的兩個，一去面試就馬上應徵上，試用期比別人少兩個月，薪資卻比別人多幾千元。這些是剛進公司時，老闆單獨跟他們開會告知的。李先生和陳先生心裡十分溫暖，把老闆當知己，每天加班到凌晨，一個星期的工作時間絕對超過九十小時。

　　陳先生跳槽，李先生以為是他厭煩了這種沒日沒夜的工作。離職前酒吧話別，陳先生告訴李先生：他的薪資早就五萬元了，而李先生仍拿三萬元。當時李先生就感覺不舒服了。

　　陳先生看著李先生說：「你真是傻乎乎得可愛，那麼拚命做，不知道向老闆提合理要求。換成別人，要加班的話，就要加薪。」陳先生實習期滿後做了兩個月就向老闆提加薪要求，老闆單獨給他把薪資漲到三萬五千元，過了四個月，陳先生再次找到老闆，無非說些個人與團體利益應成正比關係的話，這一次薪資漲到四萬元。

　　半年後，公司獲利大幅增加，陳先生又單獨和老闆談了，但老闆無論如何不願再加薪，後來陳先生從網上下載了同類型行業員工薪資資料給老闆，老闆無話可說，陳先生的薪資就漲到了五萬元，當時老闆很緊張，叫陳先生無論如何不能洩露這個情況，否則公司大亂。最後陳先生對李先生說，告訴你這個祕密，主要是感覺你做

得好辛苦，卻又不主動提加薪，讓老闆享受你的功勞。

評論：主動是加薪的第一要訣。天下沒有免費的午餐，有幾個老闆會主動為下屬加薪呢？你不提要求，他還以為你很滿意呢。

（二）該加薪時就「加薪」

案例：

年底，劉先生一臉苦笑的望著桌上的一份通知：

銷售部員工劉先生：鑑於你為公司銷售工作所做的貢獻，經人力資源部考察及公司管理小組研究決定，即日起，你的月薪升級部門經理級待遇。希望再接再厲，為公司創造更大的效益。

對於已下定決心要離職的劉先生來說，這份通知來得真不是時候。劉先生來到這個公司已經兩年了。憑著自己的幹勁以及原來的各種關係，他將自己分內的工作做得有聲有色，並在一年前被提拔為經理助理，雖說薪資待遇並沒有隨之上漲，但對於一個剛工作不久的年輕人來說，這已非常不錯了。

公司的人力資源部門每季都有對各部門經理的綜合考核，公司為規範化管理而成立的管理小組職責之一就是考察提拔內部員工，為何對銷售部門的現狀不聞不問？難道說私人企業不管你做得再好，最終還是「又想馬兒跑，又想馬兒不吃草」？

心灰意冷之下，恰好一個劉先生的長期客戶得知他的現狀，力邀他合作，並許諾只要劉先生跳槽，即給予部門經理一職並享受高薪待遇，於是劉先生還是離開了原來所在的公司。

評論：該加薪時就要求「加薪」。你一定要讓老闆明白，自己對於公司的重要性，這是老闆為你加薪的前提。

（三）為自己設計獎勵

案例：

江先生進公司五年了，一直都原地踏步。靜下心來開始想一下，他發現在公司內部，另一位同事的工作職位與他的類似。其實兩個工作完全可以合二為一，同時工作量也不會增加多少，而主管也沒意識到這一問題的存在。在薪資考核時，上級認為他的工作量不大，調資的事也擱淺了。

意識到這一點後，江先生對兩個職位合併作了一個可行性報告，上級考慮後，讓他先去接手這份職位。兩個月後，江先生的提議產生了明顯的效益。在年底時，老闆為江先生發了紅包，還為他漲了一級薪資。

評論：勤勉不是唯一的表現形式，要懂為自己設計獎勵。主動詢問自己能為公司如何省錢或賺錢。減少公司僱用其他員工的花費，將省下的薪資部分轉變成給你的獎金。

（四）發展才是真理

案例：

王小姐在這一家公司工作，已經是有七年年資的老員工了，每天的工作都是繁忙的寫企劃、見客戶。日子久了，因為沒時間吸收新的知識，常常有被「掏空」的感覺。身旁同事一個個都升遷加薪，王小姐心裡也著急，深恐跟不上公司的發展，成為被淘汰的一員。痛定思痛，王小姐報了一個在職的 MBA 培訓班。三年很快過去了，王小姐拿到了 MBA 證照，因為把理論用到了實際工作中，更是如魚得水。一日，公司的競爭對手竟向王小姐伸出了橄欖枝。驚訝的老闆這才醒覺，什麼叫做「士別三日，當刮目相待」。

很快，王小姐就被提升成公司的副經理，薪資不用說，也是水漲船高了。

評論：這樣的情況在我們周遭並不少見，不要忽略了事業發展。獲得升遷、任職訓練、新的工作職責等，這些都會提高你未來薪資福利增加的機會，是長遠的獲利方式。

（五）加薪與離職無關

案例：

吳先生大學畢業後，好不容易在市中心找到了一份工作，覺得自己實屬幸運。老闆是香港人，試用期結束後開始談薪，老闆例行公事的說：「你要多少？」吳先生沒有和老闆面對面講薪資的經驗，哪裡會想到公司薪資可以自己談，他突然緊張起來，半天才自作聰明的回答：「您是老闆，您決定就好。」

一個月後，吳先生拿到了薪資，三萬元整，不算高，但也不算低。但沒有想到的是，他很快知道和他一起來的兩個同事，試用期後薪資拿到了三萬五千元。這讓他心裡非常不舒服，不知道老闆這樣安排是什麼意思。難道自己工作不如人，以至讓老闆要用這樣懸殊的薪資安排來趕他走？

人生地不熟，吳先生也不想隨便辭職。他想，只要我加把勁，好好工作，最終還是能得到老闆認可的，不管怎麼說，老闆需要的是能為他工作的人。緊接著的兩個月，吳先生早出晚歸，休息日也加班，工作成績果真出色，客戶反應極佳，老闆會議上也表揚了很多次，但薪資還是不調漲。看到每月十號在存摺上的數字，吳先生就忍不住要去財務部門問問是否弄錯了。薪資的事情讓他心裡有疙瘩，他百思不得其解，老闆究竟是什麼意思？

評論：由於職員的弱勢地位，很多人「恐」於啟齒，唯恐加薪要求讓老闆惱羞成怒，最後，得不償失。記住，加薪是公平原則的表現，加薪有理。

（六）加薪五大技巧

不要局限於底薪。要求加薪時，不妨腦筋轉個彎，尋找替代方案，例如：公司配股、偶爾頒發獎金等，讓老闆沒有即時的龐大壓力。

不要忽略了事業發展。獲得升遷、任職訓練、新的工作職責等，這些都會提高你未來薪資福利增加的機會，是長遠的獲利方式。

設定好希望目標。首先，必須確定自己沒有獲得加薪，問題不是出在自己身上。其次，思考自己的表現，在哪些方面可以做得更好，未來對公司能夠有何貢獻等，正確衡量自己的談判籌碼。

把注意力放在未來。找出公司何時才有能力再次給予員工加薪，要求老闆答應，當公司情況好轉時，為自己加薪，並彌補目前無法加薪的損失。

不要過於性急。避免以離開公司威脅主管，不要只顧及自己，當你的提議對公司的整體有利時，老闆的反應會較佳，達成的可能性也更高。

你有多少加薪的理由

工作時間久了，開口提加薪是不可避免的。不好意思開口、不知道如何開口，這怎麼行？既然已在江湖之中了，你要善於維護自

己的正當權益，不過在與老闆過招之前還是先做足功課：

(一) 把工作做得像給臉化的妝一樣漂亮

能力和業績是談加薪的砝碼，在和老闆討價還價的時候，一定要把本職工作做好。因為待遇問題而消極怠工絕對是下下策，不但加薪的目的達不到，等待你的將是出局的危險。沒有人會為一個沒有責任心的員工提高薪資水準。盡力提高自己在公司中的地位，讓主管覺得你很難被替代。否則，長江後浪推前浪，想來的人多著呢。

(二) 知己知彼，方能百戰百勝

開口之前，一定要了解公司的實際薪資情況，做到「有備而戰」。如果公司的薪資制度非常健全，每個級別都嚴格按標準發放，那麼，除了在應該漲薪資的時候 —— 比如升遷、服務期達到標準時，提醒一下人事部門，沒有必要再動此心思。如果公司沒有成文的薪資制度，你應該多費些心思考護自己的正當權益。了解一下薪資發放的大致情況，注意「隱性薪資」（各種補貼、費用報銷標準、獎金係數等）的發放。這樣，在合理評估自己身價的情況下，你的要求恰當合理，當然很難被拒絕。

(三) 記住，加薪不是乞討

你一定要開口提要求，否則，在追求利潤最大化的情況下，公司會節約一切開銷。記住，這是你的正當權益，不是乞討，要信心十足，當然，凡事要講究方式方法，坦然而善謀。

(四) 天下沒有白吃的午餐

若老闆不答應你的加薪請求，先別垂頭喪氣、急著想調頭就走，不妨當場討教上司「到底怎樣才能達到加薪的要求？」若老闆

列舉你有待改進的部分，那就謹記在心，及時改進以作為下次談判的籌碼。不然，若老闆只是隨便應付，或許你可以使出「離職」這個殺手鐧來加以試探。當然，提出離職只是一種試探，除非你早已留有後路。否則，一旦評估有所閃失，或許老闆也會批准你的要求。到時，可謂是賠了夫人又折兵。

（五）要有加薪的外表

如果你有加薪的內涵，卻沒有加薪的外表，永遠看起來像個沒睡醒的人，或衣著看起來不像可以升遷的人，加薪升遷就不會想到你了。要知道，「外表給人的印象」遠遠超過你的想像。

（六）爭取加薪有備而談

對上班族來說，薪資無疑是工作的重要目的之一，當工作經過一段時間並取得一定成績之後，向老闆爭取加薪似乎也是順理成章的事，我曾經有過兩次向老闆要求加薪的經驗，因為事先準備不同，所以收穫也就不同。

畢業後我在一家消費品公司工作，那是我的第一份工作，所以也就格外珍惜，工作很努力，老闆對我的工作態度很肯定，還多次表揚了我，但是卻從沒有提過給我加薪的事。一次偶然的機會，我得知和我一起進公司的同事的薪資早已是我的兩倍，但是她的工作並不見得比我優秀多少，我心裡很不平衡，於是找到老闆開門見山表達了我的不滿，並要求老闆給我加薪，否則我就辭職。老闆並沒有理會我的要求，我對工作也失去了熱情，開始敷衍應付。一個月後，老闆把我的工作移交給了其他員工，大概是準備「清理門戶」了。我也覺得再做下去沒有什麼意思，趕緊遞交了辭呈。

接下來的一份工作我依然很努力，連續幾次在部門的成績考核

中排名靠前，但薪資依舊沒有增加。我痛定思痛，認真總結了一下，發現主要是由於自己平時在辦公室裡表現得不夠勤奮和積極，只知埋頭苦幹做自己的事，不知道將工作做得更好。從此以後，我不僅把自己的工作做好，而且盡量把工作做得好到老闆的意料之外。除此之外，我還盡量幫助同事，適當加班。這樣經過一個工作階段後，我做了一份工作報告交給了老闆，這一次，我除了獲得了加薪，還獲得了升遷。

穩、準、狠加薪攻略

為企業打拚多年，而薪資卻停滯不前，怎樣才能扭轉眼前的頹勢？到年底了，人事部的評鑑都已結束，如果你在「排行榜」上名列前茅，為什麼不試試向老闆提出加薪呢？

(一)心裡沒想法別開口

某公司行銷部經理趙小姐，她曾有三次向老闆提出加薪，結果不同，教訓也不同。

她說：「第一次是我在那家公司工作快三年了，對那份工作熟悉到近乎麻木的地步，而老闆一直沒給我加薪。我以熟悉業務為談判條件，向老闆提出加薪，老闆不同意。此後，我們的關係大不如前，最後我不得不離開。」

「從那家公司出來，我跳槽做銷售部祕書，負責協調處理各業務部門工作。我依舊努力工作，但這種千篇一律、薪資又不高的工作實在不能令我滿足。每天看著公司牆上懸掛的業績明星照片，我認定，我一定不會比他們差。我又走進了老闆的辦公室，開門見山

要求加薪。不出所料，老闆對我的要求非常吃驚，明白無誤告訴我，照公司規定，我所從事的工作只能拿這麼多錢。這正是我等待的答案，於是我提出，想調到銷售第一線。老闆的態度頓時從驚訝轉為驚喜，說公司本來就希望從內部選拔人才充實第一線團隊，我們的想法一拍即合。以我的能力，做銷售，就是給自己加了薪。」

「第三次提加薪，是為一個下屬。那個工人在生產線上做了兩年，他說：『如果加薪不成，就要離職。』我向老闆匯報，老闆起初不同意，認為這樣的員工再找一個就是了。但我仔細為他算了一筆帳：『這個工人的月薪是兩萬八千元，市場上可招聘的熟練工人的起始薪資是三萬兩千元，可如果在兩萬八千元的基數上，給這工人加兩千元，他就能安心工作下去，還免去了招聘新員工帶來的招聘費用和培訓費用。』老闆爽快同意了加薪方案。」

「這三次經歷使我明白，向老闆提出加薪，一定要有憑有據。」正規公司配開明老闆，只要你有真才實學，信心足，老闆自會根據你的貢獻加薪；若信心不足甚至庸才，莫說加薪，就是保住位子也難。

(二) 加薪了我還是離職

某公司業務代表曾先生告訴筆者，他曾五次準備向老闆提出加薪，「什麼事？」老闆一問，我通常慌忙的另找一個藉口。這次，我已跨出了一步：「希望您能考慮提高我的薪資。」老闆顯然沒料到，但他很快就控制住情緒，更出乎我意料的是，老闆當即表示同意，但加薪幅度需要考慮一下。最後，他加了句：「你為什麼不早跟我說呢？」

隔了一天，人事部經理通知我，從這個月起，按我的要求，給

我加 50% 的薪資。這是我有生以來第一次，也是唯一一次向老闆提出加薪。然而，一個多月後，我還是離職了。

老闆很疑惑，甚至承諾，如果我還嫌薪資低，可以再加。但我走的原因不是薪資，總有這樣的企業，它們極少珍惜已擁有的人才，或者把自己的人才不當成人才，總是艷羨別人的人才，當人才失去時，才覺得珍貴，才採取措施。「為什麼不早告訴我？」我一直在想老闆的這句話，想著是否我不提加薪，他就永遠不會考慮我的需求？

（三）對自己負責

在一家廣告公司做文案的江先生說：「以前我從未接觸過廣告，所以，一開始我就給自己定位：踏踏實實勤勤懇懇做事，待遇上一切聽從老闆安排。我利用一切時間和條件，補習廣告方面的知識，只用了一個月便轉成正式員工。」

「當時公司規模不是很大，我的工作有時就顯得很清閒，經常主動幫其他部門的忙。老闆看在眼裡，逐漸給我一些額外的工作。我抱著學習的態度，一概來者不拒。我曾經在印刷廠連續工作三天三夜，也曾為聯絡客戶幾乎跑遍了大街小巷，後來辦公室的迎來送往差不多成了我的專職。」

「隨著對這個城市和這個行業的熟悉，我忽然發現拿那點薪資簡直就是對自己不負責任。但是，向老闆當面提出加薪，我總覺得難以啟齒。也曾經想辭職不做，一走了之，可考慮再三，我決定還是直接向老闆提出加薪。」

「我至今還記得當時的情形。在聽完我的要求後，老闆滿臉笑容的說：『不好意思，這段時間很忙，把這事給忘了，我也一直有

這個想法。』事情之順利，大大出乎我的意料。」

(四) 別把自己太當回事

碰到過不少人，因為一些不如意，就輕易辭了職。以為山不轉路轉，找工作是容易的事。但，好工作就那麼幾個。

自由撰稿人韓小姐說：「她有一個女性友人，曾經薪資超過五萬元，意氣風發之餘，身在福中不知福，還嫌工作單調無趣。離職後，卻再也賺不到那個數字了，而後來的工作，也不見得有趣到哪裡，悔之晚矣。另一個小師妹，也是個不知足的糊塗蛋。剛工作沒兩個月，一不高興就辭了薪資三萬元的工作。問她現在的工作薪資多少，她說兩萬六千元。她說：『沒辦法，現在沒人肯給我三萬元了，慢慢找吧。』」

「一個女性友人，已經做到一家大公司的部門主管，因為加薪的事跟上司不開心，賭氣跑到一個小公司，薪資少了一大截，根本就是升遷無望。她不甘心，繼續狂投履歷，可她學歷不高，和她條件相仿的人一抓一大把，等待了許久還是沒能脫穎而出。權衡再三，還是回到原來公司，從此謹慎做人。」

「還有一個舊同事，企圖以辭職迫使老闆加薪。他以為自己是公司裡不可缺少的重要人物，老闆為挽留他一定會答應他的要求。沒想到如意算盤打不成，老闆只是微笑著對他說：『相信你會有更好的前程。』便批准了他的辭職報告。後來他再也沒找到更好的工作。」

(五) 如何開口提加薪

林先生（私人企業老闆）：「身為老闆，都會希望每一個員工向他報告：『我今天做了什麼、完成了什麼、發現什麼地方出了問

題。』老闆不可能每時每刻留意你的表現，所以，如果你能及時向他報告，老闆一定會認為你是一個有責任感、靠得住的好員工。這樣一來，加薪升遷又算什麼問題呢？換句話說，這叫做有技巧的表現自己。」

張先生（主管）說：「我會找機會拿著報紙上的招聘廣告跟老闆說：『我們這一行人才的需求量很大，待遇也很高。和我一起畢業的同學，現在薪資是多少（說一個數字，最好是自己的兩倍），還升了職！』」最後問一下老闆：「我們公司有沒有打算招人？」

張小姐（房地產經理）：「要巧妙的向老闆要求加薪，開玩笑應該是最好的方式 —— 在老闆心情極好、和大家打成一片，或者是當眾表揚的時候，像開玩笑那樣說：『老闆，我們做得這樣好，給我們加加薪資吧！』開玩笑既放鬆了大家的心情，又方便自己和老闆下台，防止留下『後遺症』。」

李小姐（人事專家）：「不妨透過『第三者』（老闆的耳目）告訴老闆，某家競爭對手正以高薪「挖角」，而你暫時還不為所動，讓『第三者』幫你達到加薪的目的。不過，切忌『弄巧成拙』。」

當薪資小於你的價值

你每天辛勤工作，可到底換來多少酬勞呢？如果你覺得自己的辛勞所得還不夠維持正常的開銷，那麼我們的加薪方案就有用武之地了。這裡有三個簡單的步驟，供你了解自己的價值並得到你的所值。

第一步：研究市場

在提出加薪之前，要先考察市場。老前輩們說：「要清楚同行們賺多少。」但可別去偷看別人的薪資明細。翻翻招聘資訊，看自己的職位通常值多少。透過幾週的調查，你就會對自己的工作所應取得的薪資有一個比較完整的概念，這會讓你實實在在了解自己的水準在這個市場上到底值多少。

第二步：重新評價

如果你希望透過薪資來表現你的價值，你就要讓老闆明白你對公司的價值。你現在所需要的是與老闆面談的適當機會。首先你不妨要老闆評價自己的工作表現，例如：您是否覺得我的表現超出了公司的期望？您是否滿意於我對工作的投入？您覺得我在公司的未來發展中會有所作為嗎？如果答案是肯定的，那麼你就可以以具體事件，擺出自己的成就了。千萬不要給出一個具體的數字，他或許能給予你本不敢奢望的驚喜，那不是更好嗎？

第三步：大結局

如果老闆給你的加薪讓你哭笑不得，你應該提出，然後擺出你在平日調查的資料，顯示你是認真的。如果你的老闆拒絕，不要逃跑，問他：「要怎樣您才能改變想法呢？」如果他能明確舉出你的一些缺點來，那麼一定要虛心記住，並努力改正。如果你覺得唯一的理由是他吝嗇的話，那麼就只有辭職了，然後找個真正欣賞你的公司重新開始。

輕鬆實現加薪晉升夢想

　　成功實現加薪或者晉升夢想的祕訣，不在於個人的業績有多好，而在於你有沒有技巧性處理好一些細節。

　　經常有一些不負責任的職業顧問，拋出一些鬼點子，鼓動職場人士要求老闆加薪或者晉升，但是效果卻不大理想 —— 陷入尷尬境地，可能遭到拒絕，甚至被辭退。

　　布瑞德是某家公司的法律事務總監，年僅二十六歲。四年前，他還僅僅是一個櫃檯負責接待工作的員工，隨著職務的升遷，他的薪資翻了五倍。他獲得加薪和晉升的祕訣在哪裡呢？

　　「非常重要的一點是，設定你的職業目標；但是同等重要的是，讓老闆分享你的個人職業目標。」布瑞德說。

　　這個忠告適用於任何行業。當經濟形勢趨於好轉，職業顧問通常認為這是要求加薪或者晉升的好時機。如果趕上年終或者新的一年開始之際，時機更為恰當。

　　但是不要太貪婪。自己的要求加薪幅度要適當參考整個行業的平均加薪幅度，不要太高，除非你有特殊貢獻。根據一些調查公司的資料，大約三分之二的公司沒有獎金。在華爾街，每年獎金的提升幅度大約在 10% 至 15% 左右。但是在實業界，每年基本薪資的提升幅度大約為 3%，獎金大約為 7%，沒有金融行業好。

　　制定完善的行動，計劃老闆主動給你大幅度加薪，或是僅僅為彌補物價上漲帶來的生活成本上升的加薪，概率都非常小。如果你沒有這方面的要求，別人可能永遠也不會提供給你，因此你必須採取主動的行動。不過切記，無論你在談判中處於多麼有利的位置，

正確做好這件事情絕對是一項藝術。

在你和老闆開啟薪資或者晉升談判之前，有五個關鍵步驟必須處理好：

1. 要求加薪存在著許多禁忌。「你首先需要弄清楚的第一件事情，是你對公司的價值值得你要求加薪。」策略薪資夥伴公司的總裁迪克說，「你必須向你的老闆證明你對公司的價值，以及你對公司的獲利所做出的貢獻。」

2. 毫無疑問，你不能帶著你的個人觀點直接去見老闆，你需要謀劃一下。你需要分析你過去取得了哪些成績，並將它們記錄下來，另外還需要了解同業人員的薪資水準。

3. 你必須非常清楚的知道自己將要向老闆表達什麼內容，並加以練習，要大聲說出來。記住，你是在推銷自己。

4. 會談時你需要充滿信心，但是不要太具有進攻性，不要傲慢。而且不應該將加薪的理由放在個人需求的基礎上，而應該從公司的角度來理解。應該強調你對公司的忠誠和你未來的發展潛力，不要威脅離開。

5. 根據一家獵頭公司的調查，只有不到 1% 的員工加薪或者晉升的要求很快得到了滿足。「如果你的要求立即不能得到滿足，你應該和老闆約定在三個月或者半年後重新再談。」另外，如果加薪或者晉升要求不能得到滿足，你可以嘗試要求更多休假時間或者其他要求。如果你所有的要求遭到拒絕，那麼請表達你的失望之情並平靜離開。平靜離開給你老闆的感覺是，可能還有更好的

工作在等待著你，儘管這有可能是假的。

如果你的要求得到滿足，請表達你的感激之情，而且應該加倍努力工作，以證明老闆做出這樣的決策是完全正確的。

「奪權式」加薪

手段高人一籌的人，總是占盡先機。在職場上的激烈競爭，就是對資源的爭奪和挖掘，誰能夠先下手，誰就占據了主動。據某職業顧問客戶服務中心的調查顯示，有六成上班族對與自身晉升關聯緊密的職務不完全了解或者根本沒有意識到未來會晉升，有近三成的人對做職責範圍外的事情感到不公或抱怨，或者根本不去做，沒有意識去增加自己職責的廣度，為未來晉升考慮。

職業顧問案例：湯姆在一家體育用品公司做市場專員，只用了一年的時間就成為公司的業績標兵，升遷做了主管。後來湯姆被安排到行銷部，擔任行銷部經理助理，在這個階段，他開始全面接觸市場工作，工作熱情和績效非常高。三年來，湯姆對市場行銷和產品推廣方面做出許多建議，經過他的調查和推廣，使公司的產品知名度大大提升，市場占有率也有提高。為此他很得經理的器重。但器重歸器重，表面的東西如果不能落實到加薪和晉升上來，總讓人覺得太「虛」，長期下來，湯姆的職位一直沒有變動，薪資也沒有大幅的提升，總是不甘心。考慮到下一步的發展，就不得不為自己的職業發展做出規劃。如果選擇在本企業發展下去，他就要想辦法讓自己發揮能力，不但要加薪，還要逐漸進入管理層。如果選擇跳槽，應該如何跳，跳到什麼樣的企業、職位，自己的競爭力是否能

夠快速脫穎而出。

職業顧問建議：專家對湯姆的日常工作經歷進行了分析，發現他實際上擔負的工作職責大大超過了他的工作範圍，關鍵性的工作他都經歷過，但真正的實施權力不在他手上。權力本身就是一種資源，獲取發展和加薪的資源。掌握了這些，就可以獲得優先權，得到發展速度。職場的競爭就是在爭取權力這種有限的資源。「奪權」要有策略和砝碼。

職務的高低、權責大小和企業規模密切相關。比如，擴張型企業和一個穩定發展的企業，同樣職務都是市場助理，獲利部分大有區別，後者的職責可能只是單純的業務發展，前者可能是業務、客戶維護、市場推廣等多方面的工作，所以說，需要全面了解、研究企業的發展情況、業務範圍、市場中的地位、企業發展過程中存在的風險，看懂在未來發展是否穩定，部門發展中你的職務有沒有可延展性。比如，當公司在引進一個工作項目的時候，根據你目前職務，被調用的可能性有多少。如果你被放到關鍵職位的機會增加，也就意味著你的職務較高，你的升遷機會也加大。職務設計都和企業的管理需求相對應，企業內職位的增補，職務結構的設計都是有依據的。培養對職務的敏銳嗅覺，即使不是處在核心職務上，但要爭取到做一件事自己起到的關鍵作用。也就是說，不論你官大官小，只要對一件事有決定性作用，你被重用的機會就增加。

職責結合，跳出高薪。比如，湯姆爭取做職責範圍以外的事情，熟悉部門裡關鍵業務，當他實際參與的工作對決策的影響加大的時候，他的核心競爭力就已經形成，如果選擇跳槽的話，在直線上升的職位上的競爭優勢明顯，更容易跳上高職位，奪取話語權，

也就是說你爭奪到「權力」。在結合職責的時候，要注意的是實際責任是否涉及 50% 的決策、40% 的管理，只有你做的事情達到這樣的比例，才會是理想的職責結合。專家從這兩個策略中為湯姆做了深入分析，發現他擁有便利的條件和潛質。根據他的職業定位，盤點競爭力，最後為他確定了跳出方案。專家為他推薦某企業的行銷部經理的工作，在獲得面試機會的同時，為他做了履歷包裝和面試技巧輔導。最終，他贏得了這一職位。

職業顧問提出，無論是高職還是高薪，最終要獲取的是發展機會，要得到最可行的、順暢的發展，必須根據自身情況和挖掘現有資源，獲取更大的籌碼。「奪權」或者是「篡位」都是手段，必要的手段是職業發展的助推器。

加薪五部曲

對於剛剛從校園出來的大學生來說，能夠得到滿意的薪資的工作，就要謝天謝地了。但有人卻沒有對此露出滿意的微笑。譬如我的朋友方小姐，儘管她剛從大學畢業，主修科目也不熱門，無任何就業優勢，可她卻不僅不滿足一份像樣的工作，還不斷尋求加薪的機會。

加薪一部曲 —— 心裡慌慌慌：第一次提出加薪。

和大部分大學畢業生一樣，方小姐畢業後來到了一家小的不能再小的公司。沒過多久，方小姐就發現，這家公司雖然小，但業務量卻相當多，工作壓力很大。每天加班不說，自己的財產還要蒙受損失。

在一次加班的時候，總經理突然來電話，通知他們到某中心校對清樣。她以為去幾個小時就回來，因此沒有把腳踏車搬進辦公大樓內。沒想到，加班加了一整晚，第二天一早她到樓下一看，哪裡還有腳踏車的影子？對此，方小姐對總經理提出了公司補給她一部分損失的要求，但總經理卻說，這件事情沒有辦法證明是加班導致的，再說，加班丟了腳踏車，也有她自己的責任。如此一來，方小姐想到了加薪。可是公司這麼小，她又是剛進入社會的大學生，加薪的空間到底會有多少？

只有會吵的孩子才有糖吃，就算一起畢業的同學，做同樣的事情，也有薪資比她高很多的。「他們和我做一樣的事情，薪資卻不一樣，這就說明我還有加薪的空間。」方小姐這樣想，「如果不能加薪，那就離開這家公司算了。」方小姐做好了最壞的打算，便鼓足勇氣走進了總經理辦公室。開口前，方小姐心裡真的很慌，畢竟，這是她第一次提出加薪。

加薪二部曲 —— 提出加薪的結果：雖以失敗告終，但每月收入增加了。

正如方小姐事前估計的那樣，總經理一聽「加薪」二字，臉色就有些難看，於是便以公司規模小，業務有限之類的話題來搪塞。然而，此次談判並沒有完全以失敗告終，因為方小姐在過去一個月的某次業務活動中，引薦了大學裡教她行銷課程的老師與總經理見面，並提供了一些建議，使得業務能夠成功展開，於是總經理便答應，該月發給方小姐三千元獎金。一次談話，便得到了三千元，那也是增加不少。儘管加薪的要求沒有得到批准，但還不算太失敗。方小姐發現，在薪資的問題上，儘管只是個初出校園的學生，但也

不能漠視自己的工作成果。

　　根據公司目前的模式，與老闆談增加基本薪資，確實有點困難，因為她一加，其他員工也要加，總經理當然不會答應。於是方小姐感受到，加薪的方式是多樣的，沒有必要非要在基本薪資上增加。後來，方小姐每個月的收入都比其他人高一點。如，此次在獎金上加一點，下次再在加班費或出差補助上加一點……效果其實與加薪一樣。

　　加薪三部曲 —— 機會重於金錢：加薪，也可以是「未來時」

　　或許是方小姐對原公司的發展空間還是不太滿意，於是提出了辭職，轉而來到一家規模較大的公司，同時，她的加薪進程也開始了。

　　方小姐慢慢了解到，在一般的大、中型公司，每年都有調薪的最佳時機，只不過時機不盡一致。同時，她打聽好了去年她這個職位的加薪幅度。她知道，如果把加薪要求提得太高，只能是自討苦吃，可如果說的太低，自己又會吃虧。不久，機會來了，公司讓她主辦一份企業小報。在一般人眼裡，這與加薪沒有什麼關係，但方小姐知道她會因此得到不少東西，如稿費標準。過去這個小報的稿費標準相當低，她做了以後，加了好幾個等級。同時她還對編輯費進行了改革。這樣一來，一期報紙辦下來，方小姐的實際薪資沒有增加，但她的其他收入卻比過去多了，僅編輯費加稿費，就有好幾千元。同時她也可以報銷一些費用，如晚上的加班的交通費。以前加班的時候，根本就沒有這一項，但因為是出版小報的需求，有時排版到很晚，報銷就容易多了。

　　到了去年加薪的同等時期，方小姐開始打起了小算盤。可今年

的情況卻與往年不太一樣，公司在擴大規模，沒有能力給員工加薪。不加薪可以，總得有一些補償吧？為了自己的職業生涯有一個大的發展機會，方小姐提出到某大學新聞系進修的要求。儘管進公司的時間不太長，但鑑於方小姐的表現及對公司企業文化的考慮，總經理還是給予了方小姐這一機會。在對公司心存感激的同時，方小姐明白了一件事情：加薪也可以是「未來時」，並不一定要增加金錢數量，有時提供機會更重要。

加薪四部曲 —— 培訓回公司，加薪後還想加薪：要求落空。

半年的培訓結束了，經過一年多的職場打拚，此時的方小姐已經不是那個剛出校園的小女生了，在加薪的問題上，她明白了一條：自己提出加薪，只是一個前提，關鍵是要有加薪的可能性。沒有公司希望把錢投到一個賺不到錢的傻瓜身上。雖然公司在她培訓回來後，已經給她加了一次薪資。但不久後，方小姐又向公司提出加薪請示，沒有得到任何回應和結果。

有一次，方小姐對幾個同事說出了自己的想法：自己現在的薪資，確實不太高。可她的同事卻表示出了驚異：「要知道，妳做的企業文化這塊，不僅無法為公司節省和創造價值，還要花費很多呢。妳有什麼理由提出加薪呢？」

同事的話讓方小姐很受啟發。不錯，儘管自己在一心一意為本部門工作，可勤奮的努力換不來效益，公司還是沒有足夠的理由再往自己身上投錢。為此，方小姐想到了轉部門。

加薪五部曲 —— 終於抓住加薪的核心因素：創造並提升自身價值。

進修或許只是一種工作範圍擴大上的需求，並不能說明自己可

以為企業賺得更多利潤。至此，方小姐找出了問題的核心所在。下一步，就是要讓公司上上下下看到她在企業文化上做的工作。

在某次消費者投訴中，公司產品的可靠性甚至系列產品的信譽受到嚴重威脅。而此時的報紙電視又在沒有進行詳細了解的基礎上，偏信消費者的一面之詞來進行報導，一件小小的產品品質投訴，變成了公司競爭對手施展拳腳的良機。方小姐立即請來了記者到企業進行詳細的考查，並召開了記者招待會，還請來了當事人，即那位投訴的消費者，詳細敘述了產品的使用經過，同時還拿來產品進行當眾演示，最後大家才發現，所謂的產品事故，其實是消費者自身的使用問題。

這件事對方小姐的加薪進程產生了重大影響，上司終於認識到她的才華和社交能力，並對她早就提出的加薪要求進行了積極考慮，在最短的時間給予了批准。「這次的加薪幅度最高，可也最難，難的不是加薪本身，而是要贏得總經理和公司每個人的心。」事後，方小姐感嘆道。

這就是方小姐加薪的第五步曲。這次，她總算抓住了加薪的核心因素，那就是：創造並提升自身價值！

人力資源總監評論：貌似忠厚。

一般來說，人都有無法滿足的欲望，無論物質的或者所謂的精神愉悅。人也都是因為希望去做事，對於初出校門的求職者來說，在簡單的意義上無非是能自食其力與工作受到承認與尊重。所以，方小姐的加薪不難理解，特別是因為付出與所獲得的薪資在心理已有不公平感覺的時候，這樣的要求更強烈。但對於企業來說，特別是公司不大或者是正處在成長或創業期的企業，除非員工的能力或

表現有非常突出的、能夠看得到的實處，比如因為員工的工作為企業帶來效益。一般來說，在人力資源管理缺席的情況下，要求加薪這樣的機會不是很大。其實，對於企業來講，也應該注重薪資的多樣化，即不但重視物質性，也應該重視精神性，如員工表揚、職業規劃；不但應重視貨幣性，也應該重視薪資的非貨幣性，比如員工培訓機會等。所以，應該說方小姐轉到新公司後的外派培訓，對於職業生涯開始不久的她來說是最大的福利，當然在一個比較成熟的公司，由於加薪受到很多因素的制約，比如企業內外部環境等，但只要您「創造並提升自身價值」真正能夠使您的上級工作更輕鬆，為企業發展做出貢獻，那麼您一定能獲得與您付出的成正比的薪資 —— 加薪其實不難。

加薪，為何總難皆大歡喜

　　加薪，這原是個皆大歡喜的好事，但令許多企業最為頭疼：加薪的結果往往是老闆不滿意，員工也不滿意。能夠給員工加薪的企業大都是效益遞增的企業，而薪資的增加恰恰又是員工所期盼的。為什麼雙方都有利的事卻令雙方都不滿意呢？

　　(一) 加薪，為什麼會導致員工滿意度下降

　　造成這個問題的原因相對比較複雜，主要有以下幾個方面的原因。

　　首先是企業內部公平問題。在薪資設計中，員工注意內部的相對不公平遠遠大於外部的不公平；員工關心的不僅是自己的薪資，更關心與他人薪資的比較。他們認為同樣內容的工作就應該拿相同

的薪資。當員工感覺到對自己不公平時，往往高估自己的能力，低估他人的能力。值得注意的是薪資與滿意度關聯的關鍵不是個人的實際所得，而是對公平的感覺。哪怕別人薪資比他高一點點，員工也會感覺不舒服。

其次是期望值的問題。這裡包含三個內容：一是員工認為薪資應該與企業的效益同步上漲，投入與產出相連。當企業業績好而薪資上漲幅度遠遠小於效益上漲幅度時，就會引起員工的普遍不滿。二是員工的個人差異問題。能力強、業績突出的員工希望能多漲一部分薪資，當他的期望值未能滿足或他認為工作績效與獎勵不明確時，工作積極性會明顯下降。三是薪資的有限激勵問題，當薪資低時，稍有上調，激勵作用就很明顯；而當薪資達到一定幅度後，員工更注意的是事業的感受、成就的認同、股票選擇權等非薪資性因素，滿意度也會從這些方面來衡量，這時的薪資上漲對他的激勵作用反而有限。

再次是外部公平性問題。當員工認為他的薪資與外部同行、同地區人員的薪資相差很大時，他的不滿情緒就會油然而生。跨國公司的高薪資、高福利會對員工形成極大的誘惑，這時雖然加薪，但與外部相比基數太低，仍會引起員工的不滿。

(二) 加薪，為什麼會讓老闆也不滿意

造成老闆不滿意的原因：一是期望值問題。加薪的最好結果是人工成本的絕對值上升，而人工成本的相對值要下降。本來老闆希望薪資上漲了，效益必然會同步上漲，但許多情況下卻恰恰相反，薪資上漲了，效益持平就不錯了，更有甚者，薪資上漲而效益遞減。由於薪資的剛性特徵，上漲了就不可能降下來 —— 剛性的人

工成本上升，效益不上升，老闆自然會不高興。

二是內部矛盾增加。原以為薪資上漲了，員工會滿心歡喜，沒想到員工對加薪感覺不公平，積極性明顯下降，又帶來了更多的管理問題。員工之間相互不服、比較嚴重，部門之間關係更難協調。不加薪有麻煩，加了薪找麻煩，內耗的增加讓老闆增添了更多煩惱，他當然不會滿意了。

(三) 加薪，為什麼員工和企業難統一

作為企業來說，人工成本下降自然是好事；而作為員工來說，總希望薪資多多益善，這永遠是一對矛盾的統一體。理想的結果是雙方期望都向中間靠齊，彼此都滿意。但不可否認的是，確實有很多企業加薪存在隨意性，往往是老闆的一句話就定了，缺乏合理的薪資體系和相應的配套制度，導致員工的不滿。當然，從某種意義上來說，企業永遠解決不了員工的絕對滿意，而只能降低員工的相對不滿意。無論本土還是外商企業，也不管是年薪百萬的職業經理人還是普通的低級職員，薪資的滿意度都不高，這是一個世界公認的事實。因此，確定一個讓全體員工和老闆都非常滿意的薪資方案是很困難的，能做到讓大部分員工，尤其是那些對企業貢獻度較高的員工滿意就足矣。

(四) 加薪，怎樣才能皆大歡喜

加薪似乎是天經地義的事，但如果企業的薪資在同行業或本地區足夠高了，那麼是否有上調的必要或什麼時候調整、調整多少？就需要企業認真探討。因為是否夠過加薪就能提高員工工作效率，這需要認真的市場調查後才能知道。

從加薪的形式來說，主要有兩種：一種是被動上漲，即企業在

同行業上漲的壓力下、在通貨膨脹及員工要求下才被迫加薪，這樣會使薪資的激勵作用大打折扣。另一種是企業根據市場形勢及本企業狀況主動上漲，給員工一個意外的驚喜，這樣薪資的激勵作用就會有效發揮。因此，企業一定要把薪資激勵這個工具用好，才能促進企業更好的發展。

真正要做到薪資的公平並皆大歡喜需要運用多種手段，需要企業各種制度的配合才行，具體可概括為以下幾點：

一是薪資調查。外部調查研究是解決薪資外部不公平的有效手段，透過外部調查，有一個明確的比較數值，企業才能確定薪資在市場上的地位和競爭力，加薪才能有科學依據。一般說來，企業薪資水準要處於市場平均水平線上，才能保證有競爭力。而透過內部調查研究，了解員工最注意什麼，是高薪資、高職務還是培訓機會等。

二是職位評估。透過評估各職位的相對價值和重要性，根據職位價值和對企業的貢獻度加薪，才能解決內部不公平問題。

三是績效考核。職位評估解決的是職位的相對價值，對職不對人；而考核解決的是員工業績，對人不對職。員工的能力和業績會在考核上集中表現，這樣依據業績再來提升薪資，用事實說話，員工不滿意的情況會減少很多，老闆也不會再為員工抱怨而煩惱。

四是薪資結構的合理設計。改變以往薪資等級是單純的點值，把它變為一個區間，區間幅度適當加大，上下等級之間可以有一定的重疊。比如說：員工是五級薪資，範圍在兩萬五千至三萬兩千元，中值為兩萬八千元；經理是六級薪資，範圍在三萬兩千元至三萬八千元，中值在三萬五千元。這樣設計薪資，員工經過努力有可

能拿到三萬兩千元，上司不努力只能拿三萬兩千元，這樣的薪資才會有較大的激勵作用。

改善薪資結構還有一點是設計管理、技術雙軌制，管理人員拿管理路線的薪資，技術人員拿技術路線的薪資。這樣，高級工程師的薪資有可能和總經理持平。雙軌路線的薪資結構，既可以鼓勵技術人員，又可避免把一流的技術人員變成不入流的管理者。

五是公司文化導向。任何制度設計都離不開企業的文化導向，企業注意什麼，價值觀是什麼，在績效考核、職位評估等制度上都會突出表現，薪資設計也不例外。加薪應向企業注意的重點、關鍵職位傾斜，引導員工行為向企業期望的方向努力。同時，透過向重點職位傾斜，企業才能吸引和留住優秀員工，企業才能實現可持續發展。

六是與其他制度相互補充。並非只有加薪才能提高員工滿意度，透過內部調查，發現員工在意的是什麼，有針對性的獎勵，效果應該會更好。如：良好的福利、合理的晉升、帶薪休假制度、股票選擇權乃至良好的培訓機會等，都有可能吸引員工更加努力工作。因此，企業要根據員工意願，靈活運用其他制度，才能讓員工最大限度的滿意。

七是合理核算薪資。薪資是剛性成本，企業要避免人工成本無限制上升，就要根據下一年度業績成長預測，設定合理的上漲幅度。這樣薪資上漲和企業目標緊密相連，就能有效避免薪資漲上去、利潤卻降下來的情況。確定上漲總額後，根據上述原則，重點員工多漲一些，普通員工少漲一些，這樣不僅有效控制了人工成本，而且向員工傳達了一個強烈的訊號：薪資是自己爭取的，只有

做得好，為企業創造價值，薪資才能越漲越高。

加薪，也會成為你職業生涯的危機

聽到「加薪」，你一定會興奮不已！這意味著工作被肯定、職業生涯前進、生活品質提高等等。當你沉浸在喜悅之中時，你有沒有想過，加薪可能是你職業生涯的危機？那麼，趕快找個理由對加薪說「不」！

場景一：工作多年，你的翅膀硬了，可以展翅高飛了。你漸漸成為老闆不可或缺的助手。但是，你的重要性已經對老闆構成了威脅，所以他不會給你升遷，為了讓你能繼續為公司服務，老闆決定幫你加薪。

專家建議：沒有職業發展空間，你的職業生涯將陷入困境。職業的發展性決定了你能否達到職業目標。累積了足夠的職業經歷，但卻沒有空間發揮，薪資買斷了你職業的發展，算來算去還是不划算！

場景二：一個薪資待遇和員工福利都出色，屬於黃金企業的公司看中你，將會提供給你一個非常適合你的職位，給予你更大的發展空間。因此，你向你的老闆提出了辭職，而你的老闆極力挽留你，並承諾雙倍加薪。

專家建議：機不可失，時不再來。加薪是暫時的，職業發展是長遠的，不要被加薪迷惑，職業生涯就停滯不前了。如果你還念念不忘上司承諾的「加薪」，猶豫之間職業發展機會就溜走，也許你的損失會更大。

場景三：行業沒有發展前途，你的公司沒有發展前途，而你也就沒有發展前途。所以，即使你的公司正在正常運作，甚至良好發展中，而你也應該把眼光放長遠一些，預見一下公司未來會不會被淘汰。

專家建議：你的行業發展趨勢對你的職業生涯有深遠影響。千萬不要被加薪沖昏頭，如果你的行業有衰落趨勢，時刻準備跳槽才是明智之舉。

場景四：老闆說要給你加薪，對你的工作予以肯定，並且說要交給你難度更大的新工作，老闆對你寄予很高的期望。但是「新工作」如果和你以往的工作毫不相干的話，或許你就應該考慮是否要拒絕老闆的「誘惑」，否則得不償失！

專家建議：職業規劃講求連續和盤旋上升性，如果一個發展良好的道路突然轉向，對於你未必是前進。所以職業規劃首先強調定位，認清個人資源所在，才可以制定職業發展計畫。

面對加薪，你接受了工作，一定會感到壓力很大，工作經驗無法發揮，人際關係無法調動，一切從零開始。迷失職業方向，跟著老闆走，將使你的職業生涯出現斷層。

第六章　行進在加薪的隊伍裡

第七章

越跳越高，加薪跳槽有訣竅

外語程度影響收入，跳槽成為加薪捷徑

如何獲得更高的薪資？從報告分析，海外的工作經歷確實能給人帶來價值。有海外工作經歷者年薪均值達到了沒有海外工作經歷者的 1.63 倍。外語程度也明顯影響收入，外語能力達到「熟練」者平均月薪達到了四萬元，超過外語能力「中等」者將近三萬五千元，而超過水準「一般」者約三萬三千元。

另外，跳槽也可成為加薪捷徑。一般跳槽者可透過變換職位獲得大約相當於原職位 2.158 倍（平均）的薪資收入。由此看來，透過變換職位提升薪資的作用是明顯的，大部分跳槽者在跳槽之後，將獲得相當於原來職位兩倍的薪資。

轉職要提高價碼，要對過去的薪資說謊嗎

上班族在轉換工作時，不可避免的，在工作談判的過程，對方早晚會問你關於收入的問題，身為聰明上班族的你，不能不回答，也不能對這個問題回答得很生澀。因此，在雇主問這個問題之前，為了好好回覆，你一定要做好準備。

如果想要提高價碼，難道要對過去的薪資說謊嗎？答案是否定的。因為，對過去的薪資說謊是不利的！如果你說的太離譜，面試官可能向你的前任雇主求證你過去的薪資，而且勞保明細上的紀錄，也可以反映你過去的薪資。

那麼，要如何以現在的薪資，在不說謊的前提下為自己爭取最高福利呢？

最簡單的方法，就是在面試官問到這個問題之前，想想你全部

待遇的價值。你可以先算算你之前的薪資，除了底薪之外，像工作獎金、三節獎金、公務開銷、股票、認股權甚至健康檢查福利等等都加起來算一算，你才能真正估算出自己的價值。

估算出來後，你會知道，其實你比你知道的身價值錢！不過，和面試官談判時，不必一開始就講得太明確。

當面試官問到這個問題時，你可以這樣參考以下例子：

面試官：劉先生，你現在薪資多少？

劉先生答：連獎金和其他津貼一起算的話，我去年的收入約八十幾萬元。請問，貴公司給這個職位的薪資有多少呢？

劉先生將他目前的各項待遇都包括進去，促使對方考慮的重點變成薪資的範圍，而且，因為劉先生說的不是非常確定的某個數字，當對方考慮劉先生的價碼時，考慮的不僅是月薪，而是這個職位的分量，不得不開出最好的條件。如果只是比現在的薪資多一些待遇，並不足以吸引他跳槽。

若面試官明確要你說出目前薪資數額，建議你：說對自己最有利的說法。那麼，什麼是最有利的說法呢？

第一，一定要記得，獎金要算作薪資的一部分。如果你去年的獎金（例如二十萬）比今年好（例如十萬），你就可以說，獎金高達二十萬！

第二，如果你已經接近加薪的時間，你可以說，我的底薪在下個月做工作表現評估時，會變成六萬元。

第三，或是，製造一點不確定性，以提高身價。例如你可以說，我的底薪在下個月做工作表現評估時，至少會變成六萬元。

跳槽講究最佳策略，如何讓競爭對手高薪挖我

公司競爭對手的錢好賺嗎？好賺，但要看你怎麼賺，會不會賺。許多職場人士跳槽後，希望在行業領域內的公司競爭對手那裡獲取高薪，因為他們認為憑藉自己的從業優勢，完全可以輕鬆拿到offer取得高薪。事實上，達到目標還需要具備許多先決條件。

林先生已經三十二歲，雖然現在的工作穩定，但薪資和發展空間卻不能讓自己滿意，於是鼓足勇氣再次成為求職大軍的一員。雖然在這個年齡去闖蕩職場是個十分尷尬的局面，但是他認準了方向 —— 去現在公司的競爭對手那裡，憑藉自己成熟的技能和經驗以及「人氣人脈」，肯定能獲得高位高薪。從春節前開始就把無數的履歷發送出去，面試也被邀約過多次，可是兩個多月過去了，仍然沒有任何回音。林先生很鬱悶：憑自己在本行業的工作資歷，在其他競爭公司謀個職位應該不是問題，可是一路走來遭到的拒絕讓他對前途失去了目標和信心。

為什麼會失敗呢？林先生一直都在本土企業工作，一路走到今天，他認為自己已經具備了到外商企業接受重任拿高薪的實力。可是因為自己一開始就把目標鎖定在英特爾、微軟等世界著名集團公司，但是自己的英語程度有限，又沒有在外商企業工作的經驗，對外商企業的文化管理模式等等不熟悉，這些都無形中抬高了自己的就業門檻，更別說自己的職業氣質特性等個人屬性適合不適合外商企業了。職業定位的失誤讓他一開始就走錯了路。

所以說，只有三種情況下才值得在競爭對手間跳槽：

(1) 競爭對手是行業權威，是核心品牌

在這種情況下的跳槽才是人往高處走水往低處流：在自己公司的發展到了頂峰，無法再學習到新的東西，受到資源限制施展不開。跳槽到行業內的權威企業尋求個人職業可持續發展是十分正確的選擇，有了發展才有獲得高薪的可能。

(2) 自己對該行業的產品有充分把握能力

行業產品是跳槽成功的基點之一，因為你的跳槽線索就來源於產品。只有對產品性質、產品結構和生產流程等專業知識的深入把握，才能讓自己的跳槽有牢固基礎。不了解產品，競爭對手沒有任何理由花高價僱用你。

(3) 行業處於迅速調整狀態下

行業的不穩定性加深了人員流動的可能性，特別是自己的公司在調整過程中不能夠為自己提供上升空間的時候，在同行業競爭對手那裡尋找發展機會，不僅避免了跨行業跳槽的不確定性，還合理利用了自己的專業知識、技能優勢，為將來的職業發展和薪情發展獲取空間。

具備了跳槽條件，怎麼跳就是個問題了。

想成功實現競爭對手間的跳槽，知己知彼才是關鍵。分析職業定位，確定職業氣質、職業特性，發掘自己核心競爭力，準確評價自己，合理進行職業規劃確定跳槽實施方案，這是成功跳槽的基礎；熟悉行業行情，把握行業產品資訊，充分了解目標企業產品結構和產品資源、企業長遠發展策略目標、企業管理模式和文化等。最後在個人和企業間找到契合點，在個人和職位間找到匹配度，最終跳槽成功，獲得職業可持續發展和實現高薪高職位目標。當然，

注重職業操守也是日後職業成功必須考慮的職業聲譽問題，因此必須做到對原有雇主保持誠信，如果有特別相關的法律約定，如勞動契約的補充規定、或相關的不競爭協定及知識保密協定等都需要充分考慮，避免不必要的法律糾紛也是有相關策略方法可借鑑的。

跳槽時如何獲得更高薪資

在跳槽時面對數家公司的面試，你是否常常因為不知如何提高你的薪資而煩惱？不知道如何與公司談判，不敢「厚著臉皮」提要求嗎？讓專家來告訴你七大祕笈，使你得到應得的滿意薪資：

（一）了解同行業平均水準

「知己知彼，百戰百勝」，當你想要提高你的薪資所得時，最好可以透過朋友、網站等方式，事先了解其他同行的薪資。當你掌握了同行業的平均水準時，就可以比較客觀的替自己爭取到應有的福利待遇。

（二）贏得未來上司的心

想獲得高的薪資，最重要的就是說服未來的公司，你值得他們在你身上花的每分錢。因此在面試前一定要做好充分的準備，表現出你的能力，給對方留下深刻印象，這時再提出你的薪資要求，對方往往會做出讓步。

（三）先讓對方開口

當面試時，對方問你對薪資有何要求時，記住要讓對方告訴你，他們的薪資大概是多少。因為每個雇主在心裡對薪資的上下浮動都有個限度，他們經常會在那個限度內自由調整。假如你不知深

淺，開口就報的較低，豈不正中他的下懷？所以，在你提出任何薪資要求之前，請務必問清楚對方的大致價位。

（四）勇敢開口要求

如果你不是被對方主動「挖」過來的話，通常公司不會主動給予新進人員較高的薪資、福利，只會按照公司既有制度，一切照舊。但在面試時，不要吝嗇提出你的要求，要讓對方了解你的想法，才會有協商的空間。也許你提出的薪資正處於他們可以接受的範圍之內，如果能夠讓對方相信你值得拿到這份薪資，那麼你就可以獲得更高的薪資。

（五）不要輕言放棄

即使公司主管無法給予你所想要的薪資待遇，你也必須極力爭取，有時你的堅持也會讓公司讓步！

（六）把握時機很重要

提出要求的時機也很重要，最佳的時機就是當未來上司已準備好要僱用你的時候。一般人常犯的一個錯誤便是太快接受雇主的提議。當然你想要表現你的熱忱，但卻毋須太過莽撞，「我可以再考慮一下嗎？」是最好的回應，適當含糊其辭是無傷大雅的，而此時也是你和雇主「討價還價」的最佳時機。

（七）說實話，不要撒謊

當你面試的公司在詢問你上一份薪資時，最好的策略是誠實以告。不要試圖透過謊稱上一家公司待遇很高的方法來獲得高薪。如果你使用欺瞞的手段來獲取更高的薪資，一旦被發覺，對你的信譽將有不好的影響，還有可能失去這份工作。

案例分析：

第七章　越跳越高，加薪跳槽有訣竅

1. 林先生的故事

林先生大學畢業後，進入一所高中擔任英語老師，月薪資為三萬兩千元。一年後，林先生不滿足現狀，想著跳槽。剛好某大型企業下屬的一家公司招收行政人員，要求「英語能力強」，林先生便進入了該公司，從事行政祕書工作，兼做人事助理，月薪三萬五千元。又過了一年，經仲介機構介紹，林先生跳槽至一家合資公司，在人力資源部門中任招聘主管，薪資漲到了三萬六千元。專心做起人力資源後，林先生從中發現了很多樂趣，感覺自己非常適合在這一領域發展。現在，林先生正在積極充電，立志將人力資源管理當做今後職業發展的方向。

評論：

①薪資與職業競爭力的匹配程度

大學畢業、工作四年的人力資源專員，特別優秀的可拿到四萬五千元，四萬五千元至四萬兩千元屬於中等水準，四萬兩千元至四萬元屬於一般，而低於四萬元，則是偏低了。按照這個標準看，林先生的薪資和學歷、工作年資等的匹配程度屬中下水準。

②職業生涯發展分析

從職業連續性來看，林先生的工作經歷相當連貫。英語教育、行政祕書、人力資源，都屬於行政、文職領域，因此，林先生繼續鎖定在這一領域發展是明智的。

在這四年裡，林先生工作得十分平穩，薪資上升幅度雖然不大，但一直保持著朝上走的態勢，說明他的工作態度是勤勤懇懇、腳踏實地的。但為什麼身價始終上不去？是什麼拖累了他？答案是摸索的時間太長了。林先生立志從事人力資源工作已經是在畢業三

年之後，先前雖然涉及人力資源的一些事務，但只是做些零零碎碎的輔助性工作。設想如果畢業後一年就做到招聘助理，那麼現在每月拿四萬元以上應該不困難。

③高薪對策

林先生的劣勢在於花了三年的時間摸索自己的發展道路，流失的時間不可能追回，因此想拿高薪，只能從別的方面尋找切入口。

這裡有兩個建議：

第一，拿更高的學歷、更值錢的證照，和別人的經驗去抗衡。可以攻讀一個人力資源管理方向的 MBA 學位，在拿到證照後，薪資有可能在猛增到四萬元至四萬兩千元。

第二，把自己「賣」到名牌企業，用企業的牌子為自己「貼金」。一般來說，去著名跨國公司鍍個金，出來後往往身價倍增，林先生不妨試試這個捷徑。關鍵是，如何才能跨進名牌企業的高門檻。答案是要善於包裝，可以把過去三年零零碎碎的經驗包裝成人力資源方面的專業經驗，在面試中充分表現出來。要做到這一點，方法就是「惡補」，在短期內拚命學習相關知識。林先生現在已經在充電，但要提醒的是，充電不能盲目，不能全憑興趣，要精心選擇那些最可能抬高自己身價的課程，有目標性的接受訓練。

2. 瑪莉的故事

瑪莉的故事頗具傳奇色彩。自畢業後，她便像走馬燈一樣，不停換工作。一不滿意，就立刻炒老闆的魷魚。奇怪的是，即使這樣，她的薪資還是一直漲。

瑪莉最初進入一家小型貿易公司工作，月收入兩萬五千元。沒過兩個月，感覺不爽，辭職進入一家新開辦的雜誌任英文編輯，月

薪兩萬八千元。做了半年多，因種種原因離開。待業幾個月後，在某品牌服裝公司找到一份行政助理的工作，月薪兩萬八千元。期間，瑪莉和上司頻頻交惡。幸運的是，正在此時，一家跨國公司招聘總裁祕書，瑪莉透過親戚的關係謀到了該職位，薪資一下子飛漲到三萬元。可好景不長，個性張揚的瑪莉再次和上司產生摩擦，最終在工作未滿一年時無奈遞了辭職信。之後，在家待業達一年之久，靠積蓄和做翻譯生活。不久前，在朋友幫助下，她又得以進入了某知名房地產物業顧問公司，從事客戶服務工作，月薪三萬五千元左右。

評論：

①薪資與職業競爭力的匹配程度

瑪莉的薪資和她的職業競爭力是非常不匹配的。從她的工作經驗、工作能力來看，她的薪資高得有點出奇。她先後從事的幾份工作，往往是來自幸運、人脈、關係，而並沒有足夠的專業能力和工作經驗作為支撐。她拿過三萬五千元的薪資，再回到兩萬五千元顯然不可能，最終很可能出現高不成、低不就的狀況。

②職業生涯發展分析

瑪莉的職業生涯是「幸運」的，可這種幸運蘊藏著風險。她的專業和職業結合度不夠，學外語出身，卻做貿易、行政祕書、編輯、客戶服務，職業經歷非常混亂，很難找到可以作為發展方向的專業點。而且，瑪莉大部分時間都在從事打雜、文職類的工作，專業程度不高，極易被人替代。隨著年齡成長，這類職位會漸漸不再適合她。薪資的高低是按照市場規則來定的，一旦失去了「幸運」這個法寶，瑪莉將會面臨無人問津的狀態，因為市場不歡迎這種要

價高、能力低的人。

③高薪對策

建議盡快在貿易和客戶服務兩個方向中選擇一個，適當鍍金，否則過幾年狀況堪憂。如果她還能依靠運氣繼續走下去的話，就實在是個「傳奇」，但不具有普遍性，也就沒有了討論的意義。

3. 王先生的故事

王先生由朋友介紹進入一家貿易公司，開始了人生的第一份工作。公司規模很小，總共只有十幾個員工，但由於承包政府專案，獲利不錯。王先生一到公司，便被委以重任，擔任辦公室主任一職，主管公司各種大小事務，月薪四萬元，加上各種名目的福利、獎金等，一個月算下來四萬八千元。到了年終，還有近兩萬元的分紅。四年中，王先生表現不錯，薪資持續上漲，從四萬元漲到了四萬三千元。最近，王先生當上了公司副總，月薪突破了四萬五千元。

評論：

①薪資與職業競爭力的匹配程度

王先生的薪資和他的職業競爭力同樣不相匹配，但是和前述的瑪莉恰恰相反，他的薪資明顯低於其真實價值。不難看出，他的職業素養和工作態度非常優秀，不然不會一到公司就被委以重任，年終還能拿到分紅。短短四年就從一個初出茅廬的主任，做到副總，在同齡人中簡直是「超優」水準。然而，區區四萬五千元的薪資和副總頭銜不太相稱。這說明該公司的薪資制度存在著年齡或經驗歧視，否則一名出色的員工，不可能在四年中月薪僅上漲兩三千元。

②職業生涯發展分析

王先生是個既幸運又成功的人。進入公司是由於幸運，有今天的成就則完全憑自己的努力。他從基層做起，慢慢做到副總，整個過程是腳踏實地的。在四個同學中，他學以致用的程度最高，學的是商業英語，做的也是外貿，而且始終沒有離開這個行業。他的成功和這種清晰的定位、明確的目標是分不開的。不過，副總往往只負責某一方面的工作，如市場、銷售、後台管理等等。王先生之前曾做過辦公室主任，負責的很可能是後台管理方面的工作。建議王先生將定位放在物流上，這樣專業程度更高。然後到市場上應聘大公司經理級別的職位，朝著職業經理人的目標前進。

③高薪對策

如果想拿高薪，只有換東家。在跳槽時要注意，盡量留在貿易及其相關行業。在同年齡、同行業的人中，他已經具備了一個菁英的要件，相信他只要跳槽得當，馬上就會拿到五萬元以上的月薪，兩年後能超過六萬元。

4. 吉姆的故事

吉姆大學畢業後進入一家大型本土企業擔任專職翻譯，月薪三萬元。幾年來，薪資沒有大的變動，令吉姆灰心不已。於是在工作之餘，悄悄準備考研究所，並於今年成功考上。目前，吉姆已辭去工作，重新開始了校園生活。他表示，研究生畢業後從事什麼職業還很茫然，不過有一點可以肯定，再也不會從事翻譯這種辛苦且壓力大的職業，可能會去當老師。

評論：

①薪資與職業競爭力匹配程度分析

吉姆的薪資和職業競爭力基本匹配。他的職業競爭力很低，除了外語，沒有其他特長，所以薪資低也不奇怪。職場中，單一型人才容易被淘汰。

②職業生涯發展分析

四年過去了，吉姆對自己仍然沒有清醒的認識，對他來說，讀書只是一種逃避。我們可以算算，三年的時間成本和薪資成本有多高，付出如此之高的代價，如果從事老師職業的話，投資報酬率肯定相對偏低，因為對一名剛剛從事教育工作的人來說，薪資一般不會很高。當然，如果教書育人是他發自內心的追求，那麼則不在討論範圍之內。如果是由於不知道該做什麼而做出的無奈選擇，那麼用三年時間，再去找尋一份薪資不高的工作，怎麼看都是賠本買賣。

③高薪對策

吉姆是情況最嚴重的一個，因為他還沒有明確的發展方向，這種情況下是給不出什麼高薪對策的。他需要接受專業的職業規劃輔導，儘早確立個人定位，走出低薪困境。

總結

在這四個人中，職業生涯發展最優秀的是王先生，林先生次之，瑪莉再次，吉姆只能墊底了。這個排序不是按照他們現有的薪資水準，而是根據將來可能實現的薪資數目。為什麼像跳蚤一樣跳來跳去的瑪莉，職業競爭力反而強於一直安安穩穩的吉姆？這是因為想拿到高薪，首先要有市場意識，要懂得把自己放進人才市場，為自己明碼標價。很多時候，適當跳槽是拿到高薪的重要途徑。太

老實的職員，就像淤泥一樣，總是沉在市場的最底層，自然與高薪無緣。

如何面對高薪挖角

當誘人的高薪擺在面前時，很少有人不動心的，但衡量一份投注一生的志業，有時並不只是看薪資的多寡而已。

如果只是因為高薪而選擇一個新的工作，其實是短視近利的做法。

應該考慮的不只是薪資，能為自己的專業加分、更了解產業、拓展人際關係、整合所有資源、建立創新突破的視野，才是自己要追求的工作。

最重要的，是自己成長的步調、方向能夠與公司結合，創造雙贏的局面。

（一）成長或淘汰

首先，工作人應該建立一個基本觀念，現在的環境是一個高競爭、產品週期短、變遷不可預料的社會，因此適應社會的變動很重要。

我們只有兩種選擇，一是適應變遷而成長，另一種就是被社會淘汰。

專業是永遠都重要的因素，另外豐富的產業知識、寬廣良好的人際關係、資源整合的能力，還有創新突破的視野都是現在個人應該掌握的核心能力。

如果有工作能提升自己，就算不是高薪挖角，我想這份工作都

應該列入考慮。

既有的利益，如職位、年資、考績等，不再像過去一樣重要，也不能保障你不被淘汰。雖然放棄這些很可惜，卻能使自己更上層樓。

這個抉擇不是那麼容易，畢竟工作了一段時間，要放棄這些日子的努力成果難免會猶豫。這時自己一個人所能考量的方向有限，我建議還是要找人諮詢後再做決定。

(二) 三種諮詢對象

可諮詢的對象可分為三種，第一種是有社會經驗的忘年之交，年齡最好高於自己五到十歲，這種對象有社會地位、成就、經驗，能夠提供有效的建議。

第二種是與工作有關，但職業、思考不完全類似的好朋友，這種對象能了解產業動向，但思考的層面卻不會跟你一樣，進而提供不同方向的建議。

第三種是伴侶及父母等親人，他們也許會因為太關心你，提供的意見不是很中肯，但家人的意見及想法也要考慮。

除了諮詢對象所提供的意見外，最後自己還是要做綜合性的判斷。

提醒大家，在被高薪挖角時，千萬不要跟公司同事、部屬、主管，或是跟有利害關係的公司、個人談論，以免傳出不好的流言，甚至失去獲得更好工作的機會。

同時，也要小心惡性挖角的陷阱，避免淪為競爭公司打擊原公司的工具，到最後甚至沒有一家公司敢再聘請自己。

如果最後選擇離開原來的公司，最重要的是保持良好關係，不

要把責任推給別人，更不能做出傷害原公司的事。

畢竟原公司是培育自己的地方，如果能在離開前，做好完整的交接，善盡自己的責任，相信原公司對你的離開雖然覺得惋惜，但還是會祝福你。

（三）避免負面影響

至於管理方面，為避免高薪挖角產生職務上的空洞帶來的負面影響，首先應該做到制度化，使每個人都顯得重要，但並非缺誰不可。

再來就是做好傳承，讓每個人都有責任把知識、能力傳給別人，甚至應該把傳承的工作列為考核績效的項目。

最後要增加人員管理的縱深，不光是自己的部屬，也要多注意部屬所領導的個人或團隊的表現，發掘、培育人才。

部屬若不幸跳槽到其他公司，應該好聚好散，保持良好關係，未來還是有機會可互相配合，這也是公司資源的延伸。

某聯合會計師事務所就曾經有員工跳槽到一般企業上班，後來就把他們公司介紹回聯合會計師事務所。現在他們公司已經成為聯合會計師事務所的客戶，雙方都有好處。

第八章

「高薪」該怎樣去愛你

怎樣與老闆鬥智談高薪

和老闆談薪資，是一場鬥智的談判，你必須謹慎從事，步步為營。吳先生就有過這樣慘痛的經歷，好不容易過五關斬六將，終於得到世界五百強的一家企業總經理的召見，卻因為在和老闆洽談薪資時缺乏技巧而錯失良機。

相信不少人會有吳先生一樣的感同身受，卻苦於無良策應對。掌握以下幾招，你定將受益匪淺。

（一）把握大局，忽略不提

絕大多數公司在招聘廣告上要求你在求職信上注明你當前職位的薪資以及申請職位的期望薪資，或許你會這樣想：我要到一些公司或企業求職時，薪資、福利、待遇是和求職者緊密關聯在一起且必不可少的，貨比三家是做買賣的基本原則，人才選擇職業，實際上就是推銷自己的過程。

這就大錯特錯，切記不要先開口，不要輕易把你對薪資的要求講出來。倘若你在還未摸清薪資的可能變動幅度之前就把自己推銷出去，這難道不是在冒險？因為你在沒有摸清對方的底之前，過早地把自己的底牌暴露給老闆，那你就輸定了，更何況薪資問題通常都是可以進一步洽商的。

（二）避實就虛，乾坤轉移

假如面試時老闆問你目前拿多少錢，這個問題你千萬要謹慎回答。你可以這樣回答：我過去的薪資數是多少並不重要，關鍵是我的工作能力和專業知識是不是貴公司所需要的。這樣你不露聲色把話題由薪資轉到展示你的工作經歷及專業背景上。更何況如果你目

前薪資太少，那麼，直接回答不僅不會給你帶來什麼好處，萬一你的「開標」開出低到自己都難以接受的價，豈不是搬石頭砸自己的腳。

切記一點，你過去的薪資並不重要，關鍵是要展示你以往突出的工作績效、你自身綜合的素養能力以及你能為公司做出的貢獻。

（三）事先調查，控制比例

當老闆終於開始和你談具體薪資數目時，你該怎麼開口呢？還是那句老話，讓老闆先說個數字。每個老闆在心裡對薪資的上下限度都有個數，他們經常會在那個限度內自由調整。在你提出任何薪資要求之前，請務必清楚清它的大致價位。你還可以透過各種社會關係間接打聽到你應聘企業或公司、應聘職位的大致薪資水準。順便要提醒的是，根據一般匯總的實例來看，間接打聽到的數字往往會比實際水準低，假如它低於你的心理價位，你就定一個比你現在的薪資高至少 10% 至 20% 的價。倘若你現在這個位置拿的錢太少了，那麼適當再抬高一些。千萬記住不要用具體的數字，這樣很容易造成僵局。不妨讓對方提出薪資的幅度，這樣雙方就可以繼續順利討論下去了。

（四）合理出價，留有餘地

如果你再三周旋，還是被逼到懸崖絕壁上，不得已要開口說出一個價，牢記這一良策：勿將底線定得太低，給出一個大致和你心裡想的相同範圍。

你要記住：老闆往往會盯住你的底線，所以你不能把底線定得太低。給出的空間大一點，洽談自然也就更靈活了。你可以這樣說：「根據我的工作經歷及專業背景和目前人才市場的這個職位的

薪資水準,我期望的薪資是三萬五千元至四萬元,不知道是否與貴公司這個職位的薪資標準相吻合?」這樣一來,你又把球踢回到對手,主動權又牢牢掌控在你的掌心了。

(五) 職場風向:財務高級主管千金難求

日前,業內發布了八月分「職場十大人氣職位」調查結果,排在第二的是會計。會計職位受追捧,但高級財務人才依然嚴重匱乏,有些企業開高價張榜招賢,仍是千金難求一將。

(六) 企業大手筆招募財務高管

近一兩年,普通或初級財務人員出現供過於求的趨勢。與之形成鮮明對比的是,高級財務人才卻呈現供不應求的態勢。一些企業不惜開出天價年薪,從海外聘請高級財務管理人員。

(七) 「高級上班族」人才貴在哪裡

一些大規模的企業在四處招攬賢才,會計師位居榜首,通曉專業知識和國際事務的會計人才更為搶手。

在這種背景下,持有國際會計師證照的高級專才身價倍增。相關調查顯示,持有 ACCA 資格證照的人中,約有 65% 的人在企業中擔任中高級職位,如執業會計師行的合夥人、跨國公司的財務經理、財務總監等。財務高管的年薪範圍在一百萬至一百五十萬元之間,中級財務管理人員的年薪也有八十萬元至九十萬元。

令企業如此垂涎的人才到底「貴」在哪裡?有業內人士這樣形容財務經理的工作:他們在企業中處於比較敏感的位置,不僅要看緊企業的「錢包」,更要利用專業知識、人際關係,讓企業資金運做得更好。如今,企業越來越需要財務人員參與到決策和資金籌劃中來,因此從業者需要具備多方面知識,甚至學習在學校裡沒有接

觸過的知識。

(九) 大學生變身「高級上班族」有捷徑

根據 WTO 規定及國際會計準則委員會（IASC）的要求，2005年起，全球所有國家將逐步採用國際會計準則編制會計報表。

目前市場上有關專業的求職人士比比皆是，但熟知國際財務並持有國際財務會計師資格證照的人卻寥寥無幾，需求持續升溫。

一些企業對高級財務職位明確要求，應聘人員需持有註冊會計師資格，且具有三年以上工作經驗。這就是說，財會類專業的應屆大學畢業生要想出人頭地獲得高薪，除了努力擁有會計師資格證照外，起碼要接受至少三年的會計專業培訓，同時還應累積一定的職位經驗。

職業顧問建議，年輕會計人才要為自己的職業加分，應選擇走「中高級路線」。對於學習會計專業的大學生，或從事會計職業時間不長的人才，想要好好發展，考取註冊會計師（CPA）或英國特許公會會計師認證（ACCA）的證照算是一條捷徑。

如何挑戰低薪頑疾

職場七年之癢是頑疾，這個頑疾還沒有澈底解決，就出現了更多的三年之癢、五年之癢。據職業顧問一項調查顯示，工作三年遇到發展障礙的人占到三成，七年遇到發展障礙的占到六成以上，但能夠突破瓶頸、順利跳槽獲得晉升的人不到兩成。

職業顧問案例：

林小姐工作有七年了。七年前，林小姐從某大學的外語系畢

第八章 「高薪」該怎樣去愛你

業，順其自然進入一家外商企業做了翻譯。外語系的畢業生一直都是職場的搶手人才，一開始就拿一份不斐的薪資也不是什麼稀罕事。林小姐也和別人一樣，優越的工作和不錯的薪資，剛踏入社會的她已是欣欣然了。講到這裡，林小姐也開始分析，她說：「那個時候自己也不知道將來到底要做什麼，自己想要的又是什麼，覺得工作不錯就接受了。」林小姐在這家公司一做就是兩年，她做得很好，畢竟，她是一個上進的女孩，刻苦而不服輸 —— 可是後來她漸漸感到工作不能給她帶來新的東西了。不過，年輕就是資本，跳槽就是出路，在這個想法的支配下，林小姐跳槽了。

林小姐進入了一家有名的外商企業，剛開始做的工作很雜，也都是一些協助的工作，如安排公司日常行政工作和一些活動、安排新人的面試、陪同國外同事參觀並擔任翻譯等等，工作繁忙而瑣碎。這時，林小姐又分析，只要是上司交予的任務，自己都會認真完成，而自己一直也找不到興趣點到底在哪裡，未來到底何去何從。不過，四年的時間不短，林小姐還是得到了上司的肯定，林小姐升遷了。但是，幾年過去了，林小姐感到自己雖然在薪資上還滿意，工作也相對順利，但是心情卻是越來越鬱悶了，提不起自己的興趣和熱情，再也感覺不到工作的成就感，日復一日這麼過著。

和她一起畢業的同學已經做到經理了，自己卻仍舊只是個打雜的，這一點讓她內心極不平衡。在目前這家管理制度完善的企業，各種職務都接近飽和，進入的也都是朝氣蓬勃的年輕人。林小姐感到了空前的壓力。可是再跳出去嗎？目前的薪資還是很留戀的，而且出去了做什麼呢？自己一直做的是事務性的工作，缺乏管理經驗，況且已經是三十多歲的女人，涉足新東西，能行嗎？光想起面

試都覺得很可怕了。

案例分析：

如果想建立核心的競爭力，跳槽是必由之路。要拿到滿意的offer，我們應該從以下幾點來考慮：

林小姐的主要困惑在於找不到自己的興趣點，不知道什麼是適合自己的。我們首先從職業傾向性的角度考慮，林小姐屬於 INFJ型（有責任心、受價值觀驅使的類型），適合在人力資源、行銷等方面發展。對於林小姐來說，她的經驗就在於有一定的人事行政工作經驗。而從她的滿意度考慮，發現她在原公司的發展空間已經很小，而同時測試顯示她的跳槽欲望也是很強烈，跳槽看來已經是當務之急。

1. 全方位資歷、能力分析，明確優劣勢

從基本的學歷背景到工作經驗，這些構建了一個人基本的職業能力體系。我們對林小姐的整個體系進行解剖分析，發現她的職能優勢在於：

(1) 具有良好的英文語言優勢。這些不僅在於她的科系，還在於其業餘不斷的努力。當今職場，良好的外語能力是很多企業都看重的，所以這是林小姐很重要的優勢，外商企業工作的經驗也將是一個加分項目。

(2) 一定的行政管理經驗。這類相對瑣碎的工作對於在認真負責、做事認真的林小姐手頭上卻是輕而易舉的，多年的經驗已使她在這類工作上遊刃有餘。

(3) 一定的市場分析經驗。在最近這份工作中，已經對這些有了一定的接觸和認識。

她的職業能力的劣勢在於：

（1） 管理經驗的匱乏。從直接的測試結果看林小姐在決斷能力上還不夠，所從事的工作都是圍繞別人來做的，管理能力的欠缺影響了她的升遷，其結果又導致經驗的匱乏。

（2） 過於謹慎小心的性格。林小姐有著特別喜歡傾聽別人意見的個性，這些從長遠看可能顯得處事得體，但其實也讓林小姐失去了一些機會。

2. 全透視結果規劃方案

結合林小姐的職業競爭力、目前現狀和其他因素進行綜合分析，專家建議她在把該企業工作做好的同時，考慮由發展型的外商企業的 HR&ADM 切入職場。同時，專家建議林小姐要及時補充一些人力資源的相關知識，而且，建議她在適當的時候一定要大膽一點，不要過於保守，勇於抓住機會，或許會有意外的收穫。

成功行動：跳槽，面試官先看什麼？

我們開始幫助林小姐在整個職場搜尋適合她的職位資訊，再在資訊中按照對方職位描述進行篩選 —— 企業類型、工作內容本身都是要嚴格考慮的問題。鎖定了職位目標後，我們發現林小姐的履歷真的是一塌糊塗。林小姐已經有七年的工作經歷了，履歷卻還不到一頁紙，許久未在職場上求職的她，都快忘了怎麼寫履歷了，求職信也是不得要領。這樣的求職信和履歷的描述根本無法激起雇主的興趣，然而履歷卻是自我行銷的第一步，必須讓它成為一顆炸彈。我們在對公司和職位職位調查研究的基礎上，針對每一個職位資訊幫助林小姐修改履歷，包括履歷中對個人績效的描述、對技能

的表達、對從業經歷先後次序的結構調整等等。對每一份履歷都要專業且認真的投入，這樣的十份履歷要比統一格式的一百份、一千份履歷來得高效。

十份履歷、六個面試通知。林小姐開始興奮和緊張了，她一遍遍問專家，面試官到底會問她什麼樣的問題，一般的問題怎麼回答，專業的問題如何應對？怎麼避開自己的不足，展示優勢的部分，從而表現自己的職業價值？更重要的是，最敏感的薪資問題又怎麼和對方拉鋸？

很久沒有面試的林小姐在第一次面試時還是非常的緊張，後來得到她的面試資訊回饋，當時她手心直冒汗，很多問題的應對還是比較生硬，牛刀初試，效果並不理想。在此後的不同面試中，我們都和林小姐一起回憶了面試過程，改進不足，強化優勢。林小姐慢慢變得躍躍欲試了，自信心有了很大的提高，對面試的技巧更是漸漸熟練了起來。隨著面試的深入，我們的面試工作圍繞其中兩個核心職位進行。專家只在一些細節問題上作了指導，因為這時候的林小姐已經是胸有成竹了。果然，林小姐在兩週內拿下了這兩個of-fer。專家和林小姐就機會選擇和成本問題進行了深入溝通，最後選擇了其中一個更有利於個人發展和生活滿意度平衡的 offer。滿意的 offer，林小姐選擇跳槽。

職業顧問認為，職業規劃首先是在整體上規劃個人職業發展的大方向，有了總目標，還要有階段性的實施計畫，保證每個細節的成功才能達到最後成功。一步踏錯或一步踏空都會讓整體競爭力受挫，造成核心能力模組的缺失。全面透澈的職業規劃能對未來的發展保駕護航，讓你從容應對所有職場風浪。

職場：高薪給你帶來的職業危機

相信大多數人渴望求得一份高薪的工作，但又有多少人能體會到「隱藏」在高薪後面的高付出與高風險呢？

王先生是一家外資工廠的人事經理，年總收入保持在四十萬元。經熟識的獵頭推薦，她有機會進入一家快速成長中的美資企業人力資源部工作，並成為負責招聘的主管，年薪也一躍跳過四十萬元的「關卡」。

劉小姐被她的朋友視為職場「幸運兒」，因為她長得嬌小可愛，常常得到面試官的好感。劉小姐原在一家消費品公司銷售部擔任市場督導工作，後經當記者的男友介紹，她進入到這家公司行銷部資訊傳播主任，年薪超過四十萬元。一次，男友的朋友將劉小姐推薦給獵頭，沒想到獵頭大呼「她太貴了、太貴了！」

（一）高薪，讓她不得不騰出職位

與大多數職場人的認知不同，企業主眼中的 A 咖或優秀員工是那些有責任心、高績效的員工，但他們未必是高價格的員工。一位企業總經理曾感嘆道：「有些年薪五十萬的員工表面上看不便宜，但其實他們的價值很高。你看，他們早出晚歸，一天工作十幾個小時，而且工作效率、工作品質也高；再看看那些年薪三十萬出頭的人，上班慢悠悠、下班就不見了人影，而且抱怨多、效率低的不在少數……。」

在企業中，衡量員工價值的是他（她）的工作績效。一般而言，企業面試官對新員工存有心理上的「假設」，即透過面試行為預測他（她）的未來表現（績效）；如果候選人具有良好的面試技

巧，他（她）或許能夠得到高薪，但這份高薪未必能長久。

以張小姐為例。作為人事經理，她對企業需要怎樣的人、如何面試評估候選人有一定的認知，因此，她要過面試關並不難。事實上，張小姐也能夠勝任招聘主管的職位，但任何一個職位都有做到「盡頭」的時候，尤其是專業職位。當張小姐在新公司工作滿十個月時，公司來了一位人力資源總監，這位總監在招聘面試、人才心理考核方面有很深的功力。新總監到職後對人力資源部門的人力成本與人員的配置進行了診斷與重組，最貴的專業——張小姐被調去做員工績效評鑑工作。張小姐的總監說：「我主要做中高級員工的招聘工作，再配一個低成本的員工做我的助手，公司招聘工作的品質可以迅速得到改善。在人力資源專業職位中，績效考核工作的要求相對較高，當然應該由價錢最高的員工擔當，這可以完善部門人力組合和促進員工發展……。」

張小姐不是個喜歡挑戰的人，她習慣從事駕輕就熟的招聘工作。在一個人員組合、工作業績相對比較平均的團隊中，張小姐高價的「弱點」並不明顯。但隨著她所在部門引入一位低薪的員工後，她不得不讓出招聘專員的職位。由於張小姐沒有挑戰新職位的勇氣，工作績效也未能達到與其薪資相匹配的程度，兩個月後張小姐接到了公司不再與其續約的通知。

(二) 高薪，讓他成為同事的「眼中釘」

關係，也被稱為「人脈資源」。在競爭日益激烈的今天，「關係」等同於機會，它可以成為人們職業發展的「推動器」。但關係卻不是萬能的，李先生對此深有體會。

在行銷部，有好幾位同事的學歷、資歷、工作能力與表現都勝

於李先生，但他們的薪資或與之相近，或比他略低。雖說大多數外商企業執行薪資保密制度，但員工之間的薪資水準仍處在半公開的狀態，同事對李先生的「高薪」頗為不滿。於是，他成為同事們的「眼中釘」，李先生的缺陷、工作失誤不斷被放大，而且人們似乎對他的工作成績、優點熟視無睹，不管李先生有多麼努力與認真，他的貢獻永遠趕不上失誤「傳得快」，李先生「中看不中用」的「說法」迅速在整個公司裡流傳開……基於員工「輿論」的壓力，人力資源部門最後不得不提前與其中斷了契約關係。

企業薪資福利政策是人力資源管理中最重要的部分，它關係到員工的僱傭、留任及激勵。大多數企業在制定薪資福利體系時會考慮到自身的市場競爭力、內部和員工的平等性。可以這樣說，李先生的高薪破壞了部門與部門、員工與員工之間的平等性，他自然成為「眾矢之的」。當然，「關係」也難以成為他生存與發展的「保護傘」。

支招：為什麼只有你做得多賺得少

案例：

孫小姐兩千年畢業於某大學的市場行銷系，為了進一步提升自己的專業知識，她決定出國繼續學習進修提高學歷，這樣就會讓自己今後在職場中更具有競爭力。

經過兩年多的努力學習，她順利拿到了澳洲一所世界知名大學的行銷管理碩士學位，孫小姐回國經過一段時間的調整適應之後，她終於找到了回國後的第一份工作，可是工作本身她並不滿意：在

一家合資的外貿公司做行銷部經理助理工作，薪資達到了四萬元，和她的期望值相差不大，但最痛苦的事情是，同樣是經理助理工作，在雪梨那家公司的工作雖然普通，但總比現在的工作更有鍛鍊意義 —— 現在的工作有時感覺簡直就像一個祕書，自己的專業知識根本沒有得到應有的尊重和重視。

她想跳槽，但她知道初入職場就頻繁跳槽對自己沒有任何好處，而且老闆、同事和公司發展都還不錯，於是在接下來的時間裡，孫小姐希望透過更加努力的工作換取老闆的信任和賞識。她摸索行業中的每一個細節，嘗試突破每一個「瓶頸」，又花了一年半的時間，她仍舊停留在原位，薪資就沒有實質性成長過。而後的工作中，孫小姐還是這樣的維持著。同時，生活的壓力一天天增大，她有了自己的生活圈，加上市中心的高消費，讓她開始越發感到吃力。房租在漲，生活費在提高，現在的收入有點跟不上支出了，更重要的是感覺不到自己努力工作的價值表現。

孫小姐終於忍不住決定跳槽。可是，這一年半來自己根本沒有專業度的成長，自己到底應該找什麼工作才能獲得成功呢？一次偶爾的機會，她被一家從事文化產業的知名企業看中，這家公司主要是從事歐洲文化交流工作，產品涉及語言教育、藝術工藝品、地理旅遊等方面的內容，和國際貿易也有很大關聯。這是孫小姐喜歡的一個領域，但公司給她的實際工作卻是不到三萬元的月薪而且是一線銷售工作，這讓她相當失望。雖然她所打交道的族群都是有一定社會地位的人，企業也都是一些知名的貿易公司 —— 這些在她的朋友看來都很光鮮，但是工作辛苦不說，薪資也實在令人難以維持耐心。隨著自己工作熱情的降低，業績受到了負面影響，老闆也多

次提醒她工作態度、工作方式的問題。可是近三四個月來她的薪資就一直在兩萬八千元徘徊，再次辭職的想法幾乎每天都在困擾著她。

面試談薪資，不要給別人拒絕你的理由

主修觀光旅遊的金小姐畢業後來到一家大型的旅遊公司面試，在業內人事看來，這家公司是一個非常有名氣和實力的公司。在面試中，她表現得非常出色，但在公司問及她期望的薪資的時候，她開出了一個較高的薪資，和該公司提供給新員工的薪資差距較大。公司的人事主管明確表示，這樣的薪資本公司不能接受。眼看著自己喜歡的工作就要失去，又不想自貶身價，金小姐一方面先是告訴主管，薪資不是最重要的，重要的是自己希望能在該公司學習工作；另一方面又拿出自己以往工作經歷並結合會展業的前景分析。這個「緩兵之計」緩和了談判局勢，使即將結束的面試得到轉機，也使金小姐最後成功求職。當然，薪資問題還是進行了討論，但她不再著急，擺事實講道理，最後也獲得了一個雙贏的薪資。

在寶貴的面試機會中談薪資是一種浪費，某種意義上就是給別人一個拒絕你的理由，所以一些職業顧問不主張在面試時和老闆談薪資，可以採用很多種說法迴避它。但在有些面試中，即使你一再避免談薪資，有些面試官還是會要求你正面回答這些問題。這個時候如果一再推脫恐怕就要讓自己顯得軟弱了。但是，不能乘匹夫之勇亂答一氣，要有準備，要有策略。

方法一：拿以往工作的薪資做參考

如果你以前有工作經歷，那麼很好。在以前的工作薪資的基礎上，很容易給面試公司一個比較明確的答案。所謂「人往高處走」，我以前一個月領三萬八千元，到你這不能一下少了一萬吧？金小姐畢業前經常參加會展活動，也曾在一家薪水很高的小型旅遊公司上班，正是為了前途和未來發展的問題，才使得金小姐選擇到一家有實力的公司從頭開始。面試時，你以往薪資也能加重你談薪資的籌碼。

方法二：把期望值放到行業發展的趨勢中去考慮

你的專長是什麼？人才市場對你這類人才的需求有多大？留意一下你周圍的人，你的同學、你的朋友、和你一起工作的人，他們能拿多少薪資？結合公司的情況取他們的一個平均值來考慮你的期望薪資，還應該多留意報紙新聞上和你行業相關的報導。金小姐就十分關心行業報導，經常接觸同一個圈子裡的朋友，因此面試的時候心中有底，分析問題頭頭是道。

方法三：談薪資的時候不要拘泥於薪資本身

告訴自己薪水是重要的，但你更在乎的是職位本身，你喜歡這份工作；告訴公司你希望的是公司能了解自己的價值，表現出誠懇的態度和為公司服務的熱忱。

在面試中談薪資，是不能為而為之。既然談了，就要談好，尤其是要把握適度合理的原則。

第八章 「高薪」該怎樣去愛你

職場「薪」事，青春飯之惑

不完善的就業市場以及勢利的雇主，縮短了很多職業的壽命。三十五歲既是可以風光無限，充滿誘惑的年齡，也是那些「青春飯」職業人士倍感困惑的年齡。養成四種習慣，掌握四種技巧，便可以讓你的人生減少困惑，前景充滿誘惑。

話說比爾蓋茲的第一任祕書是個年輕漂亮的女大學生，但是，這位祕書小姐除了完成自己本職的工作，就是忙著充電學習，為跳槽做準備，對任何事情都是一副不聞不問的冷漠態度。

沒過多久，比爾蓋茲就要求換個祕書。

就這樣，蓋茲的第二任女祕書、四十二歲的露寶上任了。她已經是四個孩子的母親，而比爾蓋茲當時的年齡是二十一歲。

事實證明，他的選擇是正確的。露寶以一個成熟女性特有的縝密與周到，把微軟看成一個大家庭，裡裡外外打理得井井有條。露寶贏得了比爾蓋茲的器重和微軟員工的尊重。當微軟公司總部遷往西雅圖，露寶因為丈夫有自己的事業不能跟隨他走的時候，蓋茲和其他公司高層聯名給露寶寫了一封推薦信，信中對她的工作能力給予很高的評價，希望她憑著這封推薦信能夠重找一份好的工作。臨別時蓋茲還握住露寶的手說：「微軟公司留著空位置，隨時歡迎妳。」三年後，露寶先是一個人從亞派克基來到西雅圖，後又說服丈夫舉家遷來。

在西方，祕書是越「老」越吃香的一個行當；然而在很多亞洲國家，基本上還主要是吃「青春飯」。東西之間為什麼差別這麼大呢？

　　早在 1967 年，美國就頒布《僱傭年齡歧視法》（ADEA），明文規定歧視任何年齡的求職者及雇員是違法行為。如果是在美國的人才市場，假如哪個公司的人事經理一不留神問了應聘者年齡（不管是小姐還是先生），他不但不禮貌，而且違法了！

　　由於在這方面法律的空白，「吃青春飯」的職業越來越多，而且這種「青春飯」已經遠遠超出了傳統的範疇：IT 工程師、網編、公關人員、時尚類記者、電視攝影編導、包裝歌手影星的企劃宣傳以及直銷電腦、房地產人員等正組成新的青春飯群體。

　　一位年近三十的軟體工程師說起自己上某大學軟體培訓班的經歷，不勝感慨：「全班居然我最大，同學裡還有正在上高中的。比如 JAVA 這樣的技術，我們工作中很少使用，而大學電腦專業的學生沒有一個不會的，他們比我們熟練多了。」

　　很多前來招聘人才的企業都有年齡的限制，只是限制放得寬與不寬的問題。記者問一位正在人才市場招聘的企業家：「你們為什麼要對年齡作限制，年輕，好在哪裡？」他說，一是健康狀況好，二是家庭負擔輕，三是工作起來有創意、思想比較前衛。

　　人事部門還把三十五歲作為考察應聘者知識結構的一個標準。一家以資訊、通訊產業為主的公司負責人告訴記者，很多與電信、網路有關的專業都是在近兩年才發展起來的，三十五歲以下求職者普遍接受過這些方面的培訓，知識結構相對完善，上任之後能夠委以重任，不用再接受額外的培訓。而且，員工結構年輕化可以讓企業更具活力和發展力。

　　一家保險公司的業務主管還認為，他要是真有能力，三十五歲以前早該有所成，若三十五歲還只是成家而沒立業，多少說明他在

第八章 「高薪」該怎樣去愛你

某方面的欠缺；另外，年輕求職者相對來說文化層次較高，接受新鮮事物的能力強，知識結構相對比較完善，而年齡較大的人則相對比較保守，環境適應能力不強，衝勁也相對較弱。

上述種種關於年齡的觀點，看似偏頗，但是也不見得沒有道理。否則，美國也沒有必要制定《僱傭年齡歧視法》。法律的存在也恰恰說明人的年齡可能與工作職位、職位或者工作公司存在一定程度的匹配關係。

（一）需要養成的四個好習慣

三十五歲是一個門檻，如果在職場上更上了一層樓，那就感覺風光無限好，面臨的誘惑會更加多。如果上不去，那恐怕比較慘，頓生困惑。一般說來，「優秀是一種習慣」還是有道理的，如果你養成了下列好習慣，你應該就是優秀的，不用擔心在職場上的升遷。

第一，時間管理。成為百大富豪的某商人，他工作勤奮卻鮮為人知。他常常工作到凌晨兩、三點鐘，次日中午起床，乘坐著他新買的賓士 S600 加長轎車，從他的居住地趕到辦公室，看看這一天有哪些事情需要處理。

「總經理幾乎從來不去娛樂場所，他唯一的愛好就是工作，他對工作很有熱情。」一位工作人員這樣形容道。即使近幾年來他受到媒體的狂熱追捧，但他依舊我行我素，低調神祕。他仍舊極少出現在大眾場合作秀，沒有傳過任何花邊緋聞，在他的口中你聽不到「產業整合」、「海外收購」等狂言，在富豪們追捧「手機熱」、「鋼鐵熱」、「汽車熱」的時候，唯有他不動如山。他幾乎把所有的時間都放在了自己的商業王國上。

　　這個傳奇人物給我們的啟示是：把一小時看成六十分鐘的人，比看作一小時的人效率高六十倍。而且，抓住重點，一個時期只有一個重點，一次只做一件事情，甚至一生只做一件事情，肯定這件事情會做得非常出色。

　　第二，養成理財的習慣。三十五歲後，一般開始需要贍養父母、撫養孩子，甚至還有可能個人創業，種種開銷驟然增大，在三十五歲之前就應該養成良好的理財習慣。

　　亞洲首富李嘉誠，創業的第一筆資金五萬元完全是靠自己平時省吃儉用累積的，他有許多理財祕訣值得學習研究。李嘉誠認為，二十歲以前，所有的錢都是靠雙手勤勞換來；二十至三十歲之間是努力賺錢和存錢的時候；三十歲以後，投資理財的重要性逐漸提高，到中年時賺的錢已經不重要，這時候反而是如何管錢比較重要。李嘉誠坦承，他賺取的第一個一百萬要比第一個一千萬困難得多。所以年輕時候的累積非常重要，累積得越多，你起步可能越早，以後遇到什麼困難或者好的投資機會，你都能夠從容應對。

　　李嘉誠給我們的啟示是，財富既是創造而來，也是累積而來，累積對年輕人尤其重要。

　　第三，養成不斷學習的習慣。未來的社會是學習型社會，每個人都應該善於學習。當然，這裡的學習是指廣泛意義上的學習。

　　以上給我們的啟示是：無論是創業還是受僱他人，技能的學習都非常重要。在學校裡學習是當然的，一邊工作、一邊學習也可以，我們都有可能透過學習知識，讓自己得到意想不到的收穫。

　　第四，養成交朋友的習慣。某公司董事長，之所以成功創辦網路公司，交友廣闊是很大的助力。他的創業合作夥伴是他的同學，

第八章 「高薪」該怎樣去愛你

兩個人在學校期間幾乎形影不離。後來公司遇到資金困難時，是他的哈佛大學商學院的朋友為他提供商業計畫，幫助他聯絡到了矽谷著名的風險投資商紅杉公司，該公司投資四百萬美元，從而避免了公司中途夭折。

人際關係網可以包括你的朋友、同學、親人，最低限度包括所有可以互相幫助的人。這些人有的是你的同事，有的受過你的恩惠，有的你傾聽過他們的問題，有的你和他有著相同的愛好。人際關係網不是一朝一夕就能建立起來的，它需要幾年甚至十幾年的培養。一個人在事業上、生活上的成功其實如同建立一張人脈網，你要有許多人散布在適當的地方，你可以依賴他們，他們也可以依賴你。

(二) 穿越職場生死線

有了好的習慣，如果暫時沒有得到升遷，還需要一些小的技巧，幫助你更加安全度過三十五歲職業生死線，一般來說有三種解決方案。

第一，盡可能升遷。可以說，企業裁員時，職位越高，年齡要求就會相應寬鬆一些。因此，對於在職者來說，只有不斷提升自己的職位，才能度過年齡危機。未雨綢繆，爭取提前為自己找到一個好位置。研究顯示，中年職業危機主要出現在一些在組織中做初級職務的上班族，很少出現在做管理職務的上班族或者專業人士身上。在條件允許的情況下，你可以把主要精力放在工作上，讓下屬尊重、老闆放心，在工作業績上保持領先，突出自己的工作能力，這樣晉升就有很大希望。記住，行與不行，不是說出來的，而是做出來的，老闆永遠會重用工作能力強的人。

　　第二，在企業內部橫向流動。如果你是吃青春飯的祕書，不妨在適當時機申請做人力資源工作，如果是 IT 研發人員，不妨申請做銷售闖蕩一下。一般來說，在企業內部轉行比到就業市場上轉行找工作要相對容易。

　　第三，獨闢蹊徑，進行創業。應該明確一點的是，並非所有的企業、行業都在順應年齡「門檻」風潮，超齡求職者就應向那些重視經驗與閱歷的企業或行業拓展。在平時應該注意多吸收一些行業的知識，並考慮業餘時間兼職，為自己轉行或者創業累積資本。

　　第四，跳槽。對三十五歲左右的求職者來說，求職時應該突出經驗。無論是在履歷等求職資料上，還是在面試時都要著重說明這一點。因為三十五歲以上的求職者一般都有著豐富的工作經驗。而且，應該打破傳統的求職方法，直接面試。一般來說，不少人事部門一看到求職者履歷上的歲數大於三十五的，都有可能不願意約見面試，這樣就一點機會都沒有了。其實，我們大可以不用常規的求職方法去求職，而應獨闢蹊徑，用另一種方法去求職，打電話到相關企業去問需不需要像你這樣的人才，如果說要則立即約對方去面試。面試前的那個晚上一定要睡個好覺，這樣在面試時才會精神抖擻，使人對你的身體狀況有信心。

提高身價的四大途徑

　　職場身價不僅指薪資、獎金、福利等顯性薪資，還包括職場口碑、參與過的專案，所在行業或企業的美譽度、知名度等隱性因素。自己的職場身價有多高，很大程度上取決於行業和企業的發展

第八章 「高薪」該怎樣去愛你

態勢，不過提高身價也並非無跡可循，在此介紹幾種途徑任職場人士參考。

提高身價的途徑有很多種，不論哪一種，都需要努力和付出，以形成個人的核心競爭力。提高身價可從三個層面努力，一是了解自己的喜好，二是了解行業和市場，三是了解自身的競爭力。找出你真正喜歡做的事，努力使自己在這個方面出色，其他事情自然就迎刃而解了。記住，成功永遠屬於有準備的人。

「升值」的其他途徑

(1) 利用職業興趣，充分發揮專業特長，培養自己成為領域裡的專家。

(2) 進入快速成長或高報酬的行業，從而帶動身價提升。

(3) 選擇高績效的企業，可以助你身價大漲。

(4) 增強國際化專業技能，擴大知識範圍，努力成為企業不可或缺的重量級人物。

(5) 尋找有升遷機會的職業或職位，爭取不斷深造。

招數一：跳槽增值

了解自己，找準方向。

跳槽，是提高身價的最通行做法。據相關調查顯示，85%的中層員工認為透過跳槽可以實現自我提升，獲得更大的發展空間。

鄭小姐在一家 IT 公司做專案經理三年多了，表現出色。本來以為可以藉公司擴大業務規模的時候升遷加薪，沒想到，一紙調令將其調往新成立的分公司，職位和薪資依舊。鄭小姐心裡不是滋味，雖然現在的待遇在行內還算不錯，但她認為，憑自己的能耐，完全應該獲得更高的身價。可是，在這家公司好像已經走到了

盡頭，再也沒有上升的空間了，也許只有跳槽，才能實現自己的願望。

專家指點：的確，在跳槽過程中，只要精心包裝過去的工作成績，充分展示自己的核心競爭力，提高身價並非難事。不過，「跳槽增值」的基礎是跳對方向。跳槽者要在充分了解職位的基礎上，仔細分析自身實力，如果發現自己和職位的要求不太相符，就要當機立斷，選擇放棄。就個人發展而言，還是應該穩紮穩打，等個人能力真正達到一定層次後，再尋找升值的機會。跳槽是鑰匙，但不是萬能鑰匙。

招數二：晉升提價

明晰定位，提升能力。

職業身價有多高，不一定非要拿到市場上去衡量。如果方法得當、職業定位清晰，不需要太大變動，也可以產出更高的職業價值。換言之，在公司內部尋求晉升，提高公司對你的價值預期，也能令身價大漲。

王小姐研究所畢業後進入一家規模較大的貿易公司做專案部助理。積極的工作態度和良好的工作業績，贏得了主管的信任，不久被提升為總經理助理。工作內容也從專案管理拓展到了協助總經理管理財務、人力資源、市場等方面的事宜。此後，公司一位人事主管突然離職，王小姐順利補上了這個「缺」。工作中，她非常注意累積經驗，並利用業餘時間系統學習了人力資源相關課程。她明白，更高的職位必然對自己提出更高的要求，只有不斷提高綜合素養，才有可能獲得晉升。三年之後，她順利成長為人力資源總監。

專家指點：利用內部晉升達到「升值」的目的，不失為一個好

第八章　「高薪」該怎樣去愛你

方法，其基礎是才華出眾、綜合能力強，能形成核心競爭力。做到這一點，首先要了解自己的長處和劣勢，明晰職業定位，接著構建一個身價座標圖，分別制定出短期、中期、長期發展計畫，從知識、技能、人際關係等方面提升自己。總之，你安身立命的本領越高，你就越值錢，這是跑贏同事的前提。晉升通常有三個管道：

(1) 縱向晉升，即在本職位所在的系統內爭取上升的機會。

(2) 橫向發展，即在同一層級、不同職位間流動，全面打造工作能力。

(3) 向核心業務轉移，即發展自己在企業核心業務方面的技能和專長，為向高層發展奠定基礎。

招數三：證照鍍金

追求專業，把握時機。

「考證照」恐怕是當今職場最熱門的詞彙之一。證照不僅是進入職場的敲門磚，也是提高身價的另一捷徑。用權威、有名氣的證照為自己「鍍金」，是時下年輕求職者偏愛的方式。企業對求職者能力的判斷，很大一部分也是以證照為依據的。

簡先生是一所知名大學的會計學碩士，過去七年裡一直從事財務工作，雖然已是部門主管，但工作表現一直平平。看到昔日的同學已經是某外商企業的財務總監了，簡先生心裡既羨慕又傷感。同時，部門裡的新人也給了他很大的威脅和壓力。簡先生很苦惱：自己好歹是會計學碩士、資深員工，對公司的財務流程也非常熟悉，可到而立之年，仍然只是部門經理，薪資待遇也不見漲幅，到底是哪裡出了問題？

專家指點：簡先生是會計學碩士，應該在專業領域裡有所建樹，這樣身價才能跟著提升。顯然，他沒有認知到這一點。財務是注重經驗和證照的職業，沒有一兩張權威證照，很難出人頭地。事實顯示，同等條件的兩個人，人事部門一定青睞擁有「專業資格證照」。儘管簡先生有豐富的工作經驗，但與手持「洋證照」的新人相比，還是略遜一籌。所以，他應該盡快考出相應的資格證照為自己「鍍金」。注意，資格證照不追求「量」，而是越「專」越好。其次，證照必須和自己的發展方向吻合，只有在合適的時機獲得合適的證照，證照的效用才能充分發揮。

招數四：外商企業加分

注意累積，善於學習。

日前，某網站進行了一次題為「名校學生最青睞哪些知名企業？」的抽樣調查，結果顯示：名校學生最看重企業的品牌影響力，外商企業是他們眼中的「寵兒」。外商企業獨具特色的培訓方式和企業文化，塑造、培養了大批掌握現代管理技巧和理念的上班族。有外商企業工作經歷的上班族在求職時，很可能會因此獲益。

澳洲某藥業公司的高先生這樣描述自己：「錢嘛，的確不少，至少比平均薪資高出好幾倍。不過，已屆中年，在公司裡已經不出色了。新進的年輕人學歷高、幹勁足，公司把他們看作有潛力的培養對象，相信不出幾年，他們就能趕上我。」望著頭頂的「玻璃天花板」，高先生越來越鬱悶。然而半年後，他的身分發生了天翻地覆的變化，成為一家企業的副總經理，薪資翻了三倍，手下員工多達百人。這一切變化，緣於他的外商企業經驗，以及在那裡學到的先進管理理念。

專家指點：外商企業的工作經歷是高先生跳槽成功的重要因素之一。在外商企業工作過的人，往往眼光更開闊，更容易適應經濟全球化帶來的挑戰。外商企業的工作氛圍、規範化的管理和培訓機制，也能給人的綜合能力帶來很大的提升。因此，置身外商企業時，要多多留心，抱著學習再學習的態度，努力提高綜合職業素養，為今後「升值」做好充分準備。「與其臨淵羨魚，不如退而結網」，練好了內功，提高身價是自然而然的事。

職場低薪族如何走出困境

某知名管理顧問公司最近對近三千名各領域、各層次職場人士的薪資狀況做了一次調查，發現低薪問題是大家注意的焦點之一。

被調查者對「低薪」主要有三種判定方式：

（1）主觀上認為自己拿的是「低薪」（占 18%）。

（2）日常開銷高於工作收入（占 30%）。

（3）現實待遇低於行業平均水平線（占 52%）。

調查結果顯示，大家普遍對自己未來的「薪情」表示擔憂，特別是處於中低層職業職位人士的憂慮程度明顯更高一些。而在調查分析基礎上，還發現一個有趣的現象：高職高薪族也成為「低薪憂慮」族的重要組成部分，他們的絕對薪資是高的，相對薪資卻讓他們的工作滿意度長期低落。

案例

Cole 大學主修的是傳播管理，這是當年大學錄取的結果，自己並沒有多大興趣，他最初的志向是做一名理論研究員。大學畢業

後，主修的限制使他別無選擇，如今在報社已做了兩年。工作還算盡職，但是每天四處奔波的記者生涯讓他產生厭倦。工作動力不足，發稿量下降，收入也銳減。物質壓力、精神壓力讓 Cole 痛苦萬分，他時常想，這種狀況什麼時候才能有所改觀？

Cole 的經歷和困惑是職場低薪族的真實寫照，這一類人究竟如何才能走出職業困境呢？

人力資源專家建議：自己要有一個理性的低薪標準。低薪標準主要包括兩個方面：

第一，薪資年增幅達不到市場發展要求。

對於中低級職位來說，薪資的年成長幅度應該在 10％至 20％之間；對於中高級的職位來說，薪資的年成長幅度應該在 40％至 60％之間。如果低於這個標準，職業人士就可以把自己劃進「低薪」族了。即使薪資暫時處於較高水準，如果沒有成長潛力，在這個不進則退競爭激烈的職場上，低薪也將是必然結果。

第二，無法合理分配投資成本。

這裡指的投資是個寬泛的概念，它不只是指資金調配方面，還包括時間、精力和感情的投入。一個人的職業發展過程中，需要在生活、學習、發展等各方面進行投資，假如投資方案不合理，就意味著資源浪費。不僅是資金支出，而且投入的個人資源（資金、時間和精力等）也不能產出，這樣就不能提高職業競爭力，也就同時拖了薪資上升的後腿，因此低薪在所難免。

低薪雖然只是職業發展的表象問題，但是它能很清晰反映個人的職業狀況。解決低薪問題，只有進行合理的職業生涯規劃才是出路。

首先要進行職業分析，充分了解自己的職業興趣、職業氣質、職業能力和潛力等個人綜合情況，再結合個人的知識儲備狀況和工作發展歷程，最終找到適合自己的工作職位。只有先確定職業發展方向，才能把未來的職業計畫具體化。

其次要了解行業發展趨勢、產業結構以及行業人才結構的變化，這樣才能對整個行業的薪資行情了然於心，才能對自己的薪資水準、成長幅度進行客觀分析，進而結合個人職業定位進行職業生涯規劃，最終走出「低薪」泥潭。

金錢與職業生涯規劃

退休在即或面臨失業時，該怎麼辦？不要坐待事業巨變迫在眉睫了，才去分析你的財務資源狀況。

對錢的籌劃是個人事業管理的一項重要內容。財務問題能引起許多人強烈的情緒變化，是個值得一談的話題。對自己的財務需求和資源進行一番仔細而又現實的考察，是決策時極重要的一步。

但是，假如你的如意打算是先保住目前的職位，在以後幾年中，在這家公司裡繼續得到高升。正好現在的一切都如你所願，何必要為錢操心呢？

如果你現在還用陳腐的態度去看待任何企業或行業的未來，那會是很危險的。永無休止的變化已經如此澈底成為商業生活中的一部分，任何人都不可能有十足的信心，認為自己能切實把握自己的未來。你所在的企業可能會改弦易轍或更換門庭，而你也有可能突然覺得，換個職業方向會對你和你的家庭更有意義。

(一) 避免被動

舉個例子：你了解到，從現在起兩年後，你所在的企業決定裁員三分之一，你會怎麼辦？在這兩年中，未雨綢繆可能發生的不測，還是不得不在一個壓力頗大的時代從頭做出新的財務安排？

事到臨頭，才去詳細分析自己的財務狀況，或為將來做財務上的安排，這樣的人真的很多。事實上，就我們的經驗來看，許多商界人士對自己的財務狀況並不關心，除非發生了以下兩件事之一：退休在即或面臨失業。但等到那時，就不是主動管理自己的將來，而只是被動反應了。即使各種事件從沒能逼使你做出重大的職業改變，分析一下你的財務狀況也會讓你重新考慮個人的計畫。

有一位經理，在他整個職業生涯中，一直都夢想做一名老師。但他總認為，老師的薪資養不活他和他的家庭。在理財顧問的幫助下，他對自己的財務狀況做了一次較為仔細的考察。

他發現，他的投資收入，加上把提前退休獲得的養老金再投資後的收益，還有他在本地一所大學作兼職教授的收入、他擔任兼職顧問收取的諮詢費，總數並不比現在的收入少。只有坐下來細看一下這些數字，才使他認知到能去做自己一直夢寐以求的事情。

(二) 找顧問

如果你最終確定的事業目標是打算在別的行業裡發展新的事業，或者自己經營企業，或進行其他方式的創業活動，或者你的新目標是把提早退休看作你最重視的選擇，你就必須考慮相關的財力來這樣做。

如果你正在考慮事業上的改變涉及甚廣、甚為複雜的關鍵財務問題，也許會促使你去尋求精明專業人士的建議（的確，即使你

依然故我堅持現有的事業發展道路，也該這樣做），因為你畢竟對財務問題所知有限，多數人都會被這些問題弄糊塗，專業顧問則不會。

選擇財務顧問就像選擇律師或醫生一樣，讓那些你信任的人給你推薦。由於律師經常與會計師和其他財務顧問共事，因此一個好的律師就能給你做很好的推薦。

你對理財問題知道的越少，做選擇前就越應該多見幾位候選人面談。問他們如下問題：受過什麼樣的教育？有沒有專業文憑？是否屬於某個專業協會？以前是否因為失職或疏忽被起訴過？如有，在什麼時候？結果怎樣？收費標準是多少？

（三）薪資以外的問題

有的顧問可能會被上面這些問題嚇住。態度決定一切，如果你給人一種不理智的印象，適合你的專業人員也許不願和你合作。但剛才的那些問題都是情理之中的，你需要利用這些問題的答案去做出明智的決策，所以你不可忽視這些問題。

例如，如果你在考慮變換職業，無疑你會根據給予你的薪資和福利來權衡離開一家企業到另一企業所帶來的影響。對大多數人來說，其中所涉及的內容遠不只是兩個企業間的薪資差異。

如果這個工作需要你到一個新的地方去，就要在決策過程中考慮相應的生活費用。你應該調查一下當地的住房費用、所得稅，甚至日常消費品的價格，以便對兩地的情況做一個有效的比較。

不要低估生活費用的高低對你將來財務狀況的影響。如果你現在四十五歲，一年還可以再節約一千美元的生活費用，一直到你六十歲退休為止。然後把這筆錢進行投資，每年可獲得 6% 的報

酬，到你退休時，就可以額外存兩萬三千三百美元的投資存款。退休後，如果再把這筆錢投資養老金，收益同樣是 6%，在以後的二十五年裡，你每年還可再獲得一千八百二十美元的養老金收益。

對現在和將來任職的企業能提供的退休計畫和福利進行價值比較，也會對職業變動產生影響。有的企業還為員工退休計畫提供相應的基金。比如，員工繳納薪資的 6%，企業則減半為員工繳納薪資額的 3%。如果現在任職的企業為你提供相應的基金，而你打算去的企業卻沒有，就該計算一下到你想退休的年齡時，你總共可以從現在任職的企業獲得多少退休金，這有助你對這兩個機會的收入情況做出周全的比較。

(四) 合理決策

利潤共用計畫是另一種退休福利。企業撥出一定比率的利潤，為每個員工設立獨立帳戶。從法律上來說，這些計畫要求有領取標準。按照這種標準，員工對企業為之繳納的退休金所有權在一定時期內可以按一定比率累積或領取。如果你已被納入利潤共用計畫，但所在企業還沒有把你應得的完全給你，這時想另找工作，先確定放棄現職造成的損失。

不論這種出於財務和經濟上的考慮多麼重要，不要忘了它只代表你生活和事業的一部分。有些人做職業選擇時眼裡只有錢，過了幾個月卻發現自己的選擇錯了，這種故事多得不可勝數。

確定錢在你生活中的地位並採取相應行動的是你自己。了解自己目前的財務狀況，如有必要，想法改善的仍是你。但在謀劃將來時，應該考慮自身所有需求。

自己當「老闆」靠時尚賺錢

（一）第一年薪資不高，「副業」實現自我價值

現在，很多公司給大學畢業生開的薪資並不高，尤其是第一年或者在實習期內的薪資更是少得可憐。很多大學畢業生不滿足於第一年並不豐厚的薪資，紛紛開了「副業」。

經銷小商品不需要太高的成本，成為不少剛畢業的學生賺外快的首選。抓住時尚的特點，貢獻自己的眼光和經營頭腦，經營越時尚的商品，收入也就越可觀。

（二）動漫小店，賣的就是 DIY

顧先生在街上開一間小店面，但在熱鬧的市區，跟其他動漫小店相比，也算得上是客源眾多、生意很好的一家。

與市區其他店不同，顧先生的小店主營絨毛玩具，龍貓、皮卡丘等動漫角色的絨毛玩具掛了一牆。

「PVC 人形太貴了，大部分是日本原裝貨，不是每個人都能買得起的。但是這一牆絨毛玩具不少都是我自己設計的，絕對獨一無二，價格和公仔比起來也便宜多了。」顧先生介紹說。

顧先生的職業是小學老師，但是大學時代對設計和動漫的狂熱並沒有在「教室裡」降溫。工作後有了一些閒錢的顧先生和朋友合夥開了這家店，店裡有 40% 的絨毛玩具是顧先生自己設計、朋友找小加工廠做的，銷路很好，「現在店裡每個月有三萬元到四萬元的純收入。」

大街上的動漫店裡不乏顧先生這種兼職的大學畢業生老闆，他們有一定的設計基礎，為愛新鮮的年輕人設計「獨此一家，別無分

號」的手工商品，多為絨毛玩具和 COSPLAY 的服裝與道具，價格不斐，但是生意也不錯。

(三) 特色服裝「我愛故我賺」

去年畢業的吳小姐在政府機關上班，平時工作比較清閒。作為新人，她第一年的月薪資不過兩萬出頭，對於這個愛美、愛玩的小姑娘來說是絕對不夠花的。最後，她決定與人合開服飾店，她出主意，合夥人出時間，一個月下來最少也能分到三萬元。

吳小姐說，作為這個小店的合夥人，雖然不用看店，但是大到攤位設計、小到衣飾配件的進貨都由吳小姐做主。在這個服裝市場裡，據她所知就有七八家攤位的情況與她類似。做這個行業的很多人是在上大學時就喜歡逛街的愛美女孩，但是又不甘心大學畢業後就流入「小商販」的行列。於是，一邊工作、一邊與人合夥開店就成了最好的選擇。

這些美眉店主們堅信自己了解流行的方向，靠自己的審美開店，因而更有自己的特色，更能吸引同齡人的目光。大部分時間，她們只需要提供點子，在進貨的時候做做參謀，就可以坐等分紅了。

(四) 網路「掮客」賣舊補新省且賺

網路購物對於很多年輕人來說，已經像逛街購物一樣自然了。在網路上賣東西，也就成了很多上班族賺外快的最佳選擇。

李小姐在一家廣告公司做文案工作，平時的工作並不像她想像的那麼忙碌，而第一年的薪資待遇也同樣沒有她想像的那樣豐厚。「公司說前半年是適應期，只能拿基本薪資，算下來大概有兩萬五千元，扣去房租，剩下的錢剛勉強夠花。」為了能讓自己早日

成為「有殼族」，在同事的指引下，李小姐在開了自己第一家網路商店，專賣服裝和飾品。「這樣既能賺到錢，又不會與公司不許兼職的規定相衝突。」今年春節期間，她從服裝市場進的羽絨外套讓她一個月就賺了兩萬元，而平時最少每月也有五千元的額外收入。

李小姐說，她不少朋友和同學都在網路上開店，有的時候他們還互相捧場。很多人將自己平時不太用或已經不再喜歡的小飾品、服裝、日常用品、書籍等物品拿到網路上賣，再用收入去買新的東西，「這樣就省下了這部分支出。」

上班一族五大最佳發財方案

這是一個創業的時代，想自己創業做老闆的人越來越多，其中也包括眾多上班族。所碰到的：時間緊、資金有限、經驗缺乏、患得患失，是幾乎所有想自主創業的上班族都會遇到的問題。針對這些問題，我們的建議是：採取有針對性的措施。

方案一：對於不想冒任何風險而又想嘗一嘗創業滋味的上班族來說，不妨先嘗試一下兼職。

目前上班族做兼職是一種常見現象。兼職職位有高有低，需要根據各人的能力、機遇而定。不過，不管任何兼職，都可以鍛鍊能力、累積經驗，同時還可以累積一定的資金，又不占用上班時間，不用放棄目前的工作，正好能夠彌補想創業的上班族的期待，可謂一舉兩得的好事。但是上班族在選擇兼職的時候，一定要注意與自己的特長和未來發展的方向相結合。兼職是為了縮短自主創業的距離，縮短從受僱者到老闆的距離，如果陷入到為兼職而兼職，為眼

前的一點蠅頭小利斤斤計較，而忘記了對自己能力的鍛鍊和資源的累積，那就有點得不償失了。

方案二：充分利用在工作中累積的資源和建立的人際關係。

這是上班族的一個特點，也是上班族的一個優勢，學會充分利用在工作中累積的資源和建立的人際關係進行創業，可以大大減少創業風險。某投資雜誌採訪過一位朋友，他原本在電腦圖像製作公司上班，在工作中與許多小的電腦圖像公司、報社、雜誌社、電視台、電視節目製作公司建立了關係，累積了人脈。時機成熟後，這位朋友辭去了原來的工作，自己成立了一間電腦圖像工作室。因為相當於原來工作的延續，無縫接軌，這位朋友幾乎沒有冒任何風險，便踏上了成功之路，現在這位朋友的工作室生意很好。但是在這方面要注意的是，不能混淆個人生意與公司生意，顛倒工作秩序，甚至只要是有利可圖的生意就歸自己，而無利可圖或者虧本的生意就歸公司，這樣做不僅要冒道德上的風險，而且很有可能會受到法律的制裁。另外，要區分清楚主業、副業，不能因為自己的創業活動影響公司的工作。

方案三：選擇合適的合夥人進行創業。

有些上班族沒有時間自己進行創業，但可以提供一定的資金，或者擁有一定的業務經驗和業務管道，這時候就可以尋找合作夥伴一起進行創業。與合作夥伴一起進行創業需要注意的事項是：責、權、利一定要分清楚，最好形成書面文字，有雙方簽字，有見證人，以免到時候空口無憑，更不能等到賺錢了再說。我們看到無數合作創業的夥伴，在公司沒有獲利之前，雙方都能夠和諧相處、和和氣氣，一旦公司賺了錢，矛盾便開始出現，有時一發而不可收。

第八章 「高薪」該怎樣去愛你

這就是大多數合夥企業，開始熱熱鬧鬧，中間打打鬧鬧，最後一敗塗地的原因。

方案四：找準好的項目。

春節期間，某記者採訪了一位朋友。這位朋友在企業工作，妻子在一家大型電器公司當推銷員。這位朋友手頭有一定積蓄，又不願放在銀行裡生利息，因為銀行利息太低。從去年六月起，他看準時機，在市區開了一間拉麵館，後來連開了四間。現在這四間拉麵館每月能為他帶來幾十萬元的收入，遠超過其平時上班的薪資。這位朋友說，其實很簡單，他看準了地方，出錢租下店面，請了幾個人來開店，設了一個店長，薪資要高一點，其他人按市場行情走，每月給薪還外包吃住。他只要每個星期到店裡走一趟，核對一下帳目。因為店小，帳目很簡單，無非是進貨、出貨。進貨，就是這個星期買了多少麵，買了多少牛肉、蔬菜；出貨，就是這個星期消耗了多少麵，消耗了多少牛肉、蔬菜；賣了多少錢，將中間差價一算，扣除房租、水電、稅費及人員薪資，就是他賺的錢。既省心省力，又不花時間。類似這樣的項目，非常適合想創業的上班族。關鍵是你要肯動腦筋，時刻留心，四處留心。另外，就是該下手時就下手，不能猶猶豫豫。大家都在找機會，機會來了你不下手，一眨眼機會可能就被別人偷走了。

前不久，某機構調查上班族最熱衷的創業項目，一共有十個，分別是：擺地攤賣服裝飾品，占 20.81％；炸雞排、鹹酥雞等小吃攤，占 18.78％；咖啡店占 16.63％；網路上開設店鋪，占 15.54％；便利商店，占 15.32％；飲料冰品店，占 14.15％；連鎖加盟餐飲，占 13.11％；語言補習班，占 11.96％；升學補習班，

占 11.62％；瘦身美容用品或服務，占 11.22％。這十個項目都有一個共同的特點，就是投資較少，另一個特點是管理相對簡單，不需要創業者長年累月、耗時費力盯在那裡。

方案五：做一個好的產品代理也不錯。

現在翻開報紙、雜誌，到處是尋找產品代理的廣告。有些人對此類廣告抱著本能的排斥心理，以為都是騙子，其實並非如此。這裡同樣隱藏著一座座金山，關鍵是你要有眼光。選擇產品代理，最重要的是看清代理產品的發展前景。成熟的產品是不需要滿世界打廣告來尋找代理的，不打廣告也會有許多代理人找上門來。打廣告招代理的產品，一般都是尚處於市場拓展階段的新產品，因而如何判明產品的市場前景，也就是產品之於代理商的「錢」景，是一門學問。

這裡有幾條原則可供參考：

其一，就是盡量不做大公司和成熟產品的代理，因為這類產品一般市場穩定，但利潤空間小，條件苛刻，非實力雄厚者不能承受，上班族更難以問津。

其二，選擇產品，必須是真材實料的，必須是正規企業生產的，最好經相關部門認證的有合法手續的產品。其中是否存在市場，可由其產品的功能和廣告支援力度來判斷。

其三，產品的獨特性與進入門檻要高。有些產品很好，但太容易仿造，結果市場一打開，跟風者一哄而上，市場很快又垮掉，這時候最吃苦的除了廠商，就是代理商，這樣的例子我們見過很多。產品的獨特性如何，是否容易仿造，可以根據產品原材料的來源是否珍稀、獨有，產品的技術含量等等來判斷。

其四,最好直接與生產廠商接觸,而不要做二手甚至三手的代理商,除非生產廠商有特殊要求。如果打算做二手、三手代理商,那麼,一要考慮上級代理商留給你的利潤空間是否足夠,二要考慮上級代理商的人品與信譽,三要考慮上級代理商與生產廠商的關係。上級代理商人品不好,信譽不佳,很可能在你打開市場局面後將你丟掉,以便獨食其利;上級代理商與生產廠商關係不好,廠商炒掉上級代理商,也很可能會使你前功盡棄。總之,在這個問題上,要抱一種「害人之心不要有,防人之心不可無」的態度。

第九章

不可拒絕的「薪資」之癢

辦公室裡的「薪」苦動物

看到一家廣告公司招人，在媒體上打出口號，「熱忱接納『薪苦』動物」，話說得貼切又形象，使人看後不禁啞然失笑。終日裡在職場中如牛如馬，為少許薪資而不辭勞作，其實我們大多數人，都可以被形容為「薪苦動物」。無論是調侃或者解嘲，「薪苦動物」就這樣冠冕堂皇地成了上班族的代名詞。

「我希望像比爾蓋茲那樣，有幾個億萬富翁每天早上六點起床為我工作。」類似這樣的豪言壯語，顯然絕對不會出自「薪苦動物」們之口。「薪苦動物」們往往被日常工作折磨得精疲力竭，哪還有閒情去奢想什麼讓億萬富翁為自己工作。「薪苦動物」們常常是為老闆工作，每天早出晚歸，日夜顛倒，好不容易忙到月末發薪，一查薪資帳戶，數字少得都羞於讓外人知道，奈何只好黯然長嘆：「哎，真是薪苦啊。」

俗話說「水往低處流，人往高處走」，一個人「薪苦」得久了，難免會心思浮動，另覓高枝。於是每年的三月分成了「薪苦動物」們的革命期，「薪苦動物」們義無反顧爭相離去，把公司裡的人力資源經理們忙得暈頭轉向，或招聘新人，或承諾加薪，但還是受人白眼，「早知今日，起初做什麼去了？」而對那些依然要待在原地的「薪苦動物」們來說，眼看著朝夕相處的人掛冠而去，留下來的也止不住會顧影自憐，暗自籌謀。

當然，朋友中有人果敢和「薪苦動物」生涯說再見的。做了小老闆、成了SOHO族。近日無意間看到某自由撰稿人的部落格，發現她正苦惱著，原來幾天前有朋自遠方來，而她正在趕稿，無法

去招待遠道而來的朋友，事後解釋道歉的話寫了一大堆。唉，雖然都 SOHO 了，卻仍然是一副辛苦狀，看不到絲毫灑脫的影子。

最後，還是用手機上收到的一條訊息，來當做「薪苦動物」們的最大「薪願」吧：「願你錢多事少離家近，每日睡到自然醒，薪資領到手抽筋，別人加班你加薪！」

被忽視的中層薪資

同時肩負著高層績效考核指標和基層收入水準預期的中層，倘若薪資沒有讓人很滿意，很難保證他們有持續不斷的工作熱情和對公司的忠誠。

企業策略的執行，關鍵在於中層經理人。

中層是經營計劃的組織者，肩負著創造利潤的使命。

中層是企業理念的傳遞者，肩負著承上啟下的作用。企業文化和理念的擴散，需要中層的身體力行。

中層是基層團隊的帶頭人。一個學習能力強、價值取向正確、人格魅力和組織能力突出的中層，意味著一個優秀團隊的出現。

一個擁有幹練中層團隊的企業，老闆或者高層可以消失一段時間而企業依舊有條不紊，但是反過來，則永遠沒有成立的可能。

一個企業，倘若擁有穩定和不斷成熟的中層經理團隊，從現階段來說不僅代表著業務運行順暢，從長遠來說更意味著企業高管後繼有人、企業的理念和文化能夠代代傳承下去。

隨著教育的和企業的縱深發展，一大批中層經理人在職業分工的推動下，正在急劇出現和成長。

第九章　不可拒絕的「薪資」之癢

　　他們年輕、有衝勁，渴望更大的成功。同時，承受著工作壓力和工作強度，比起高層經理或者董事會自由度則更小。

　　雖然沒有人能夠忽視中層經理人的重要性，但與高層薪資越來越受到重視、薪資越來越高的情況相比，中層的薪資卻幾乎完全被忽視了。

　　根據某人力資源開發網近期所進行的「作為中層，您對自己目前的薪資是否滿意？」的調查顯示，近九成的中層經理人對自己的薪資感到不滿意。

　　這個數字是相當驚人的。

　　一個員工的出走，或許只能帶走一項技術，而一個中層經理人的出走，很可能失去一個團隊、一個群體的奮鬥力。

　　注意中層，不僅僅要注意其發展，也要注意其薪資。從目前中層經理人的生存現狀來看，這是他們除了職業發展之外最大的工作動力源泉之一。

　　人力資源人員薪資揭祕。

　　人事專員年薪約三十六萬元，人事經理約四十八至六十萬元，人力資源總監約七十二至九十六萬元。

　　談到人事，人們或許馬上會想到那個掌管著員工升遷與薪資升降的核心人物，那麼人事工作人員的薪資到底能拿多少，職位不同是否薪資也相差懸殊，本書將為讀者作一番調查，也為那些即將要踏上此職位或正欲從事此類工作的人們一個參考。

　　據了解，人事工作的展開是階梯形的，從一般的人事專員到人事助理，再到人事經理，最後發展到人力資源總監，一般需要十年左右，其月薪也可能從最初的不足三萬元漲到七八萬元的高薪。

1. 人力資源總監

薪資揭祕：人力資源總監已經成為國際大公司高層人物必經的職業發展階梯，人力資源管理人員的地位近幾年一直是水漲船高。從普通的人事助理到人力資源總監，其間要經歷漫長的過程，少則幾年，多則十幾年。人力資源專家指出，根據行業、企業規模、效益的不同，人事們的薪資也不同。在一般的企業，人事助理年薪可能三十三萬元至三十六萬元左右，HR 總監年薪可能八十四萬至九十六萬元左右。而在較好的外商企業，一般人事年薪有四十二萬元至四十五萬元，主管經理級別大概四十八萬元至五十四萬元，HR 總監的年薪能達到九十萬元至百萬元。

2. 人事專員

薪資揭祕：大學畢業剛從事人事工作，一般都要從人事助理做起，其薪資也屬於最底層的，年薪一般三十萬元出頭。隨著工作時間的加長，薪資會有所升高，工作一到兩年後，年薪會升到三十六萬元左右。在一些好的外資企業，人事助理的試用期月薪可能就會達到兩萬八千元左右，過了試用期月薪會達到近三萬兩千元。

3. 人事經理

薪資揭祕：企業不同，人事經理的薪資也大不相同，外商企業的人事經理薪資會比較高，年薪會達到四十八萬元至五十四萬元不等，而在一般的本土企業，人事經理的年薪可能只有四十五萬元至五十萬元左右。有些人想拿高薪，一般都是透過跳槽來實現，也有些是主動和老闆談判，要求加薪。

業務代表的六種薪資制度

業務代表是企業的一線人員，合理的薪資體系能充分調動業務代表的工作積極性，原先做多做少一個樣、做與不做一個樣的制度已經被做多拿得多、做少拿得少的制度澈底更替，至於業務人員到底該拿多少？企業在發薪資的時候究竟發多少？這需要企業建立一套行之有效的薪資制度。

「買力」和「賣力」市場永遠是矛盾的，但絕非不可調和，而調和的關鍵點就是制定一套合情合理的薪資體系，它是留住人才、維持企業發展的原動力，筆者根據多年服務眾多企業的經驗，總結出六套薪資制度，其中前三種薪資制度比較常見，而後三種薪資制度目前也有不少企業正逐步施行。

（一）高底薪＋低提成

以高於同行的平均底薪，以適當或略低於同行業之間的提成發放獎勵，該制度主要被外商企業或本土大企業中所執行，某間電器企業在市區的業務代表底薪為三萬元，提成為 1%，屬於典型的高底薪＋低提成制度。

該制度容易留住具有忠誠度的老業務代表，也容易穩定一些能力相當的人才，但是該制度往往針對的業務代表學歷、外語程度、電腦水準方面有一定的要求，所以業務代表不容易輕易進去，門檻相對高些。

（二）中底薪＋中提成

以同行的平均底薪為標準，以同行的平均提成發放提成，該制度主要在一些中型企業運用的相當多，該制度對於一些能力不錯而

學歷不高的業務代表有很大的吸引力。業務代表考慮在這樣的企業長期發展，主要受中庸思想所影響，比上不足比下有餘。目前大部分企業採取的是這種薪資發放方式。

(三) 少底薪＋高提成

以低於同行的平均底薪甚至以當地的最低生活保障為底薪標準，以高於同行業的平均提成發放獎勵，該制度在一些小型企業運用得相當多，該制度不僅可以有效促進業務代表的工作積極性，而且企業也毋須支付過高的人力成本，對於一些能力很好、經驗很足而學歷不高的業務代表有一定的吸引力。

最具創新的是某保健品企業，該企業走的是服務行銷體系，其薪資制度為：基本薪資＋完成業務量 × 制定百分比（10%）。

這種薪資制度，往往造成兩種極端，能力強的人常常吃撐著，能力弱的常常吃不到。

(四) 分解任務量

這是一套相對新的薪資發放原則，能夠公平發放薪資，澈底打破傳統的底薪＋提成制度。

某公司共十個業務代表，在當月分派的銷售任務為兩百萬，那麼每人的平均任務是二十萬，當業務代表剛好完成屬於自己的任務額二十萬的時候，就拿到平均薪資三萬元，具體發放方式有一個數學公式可以計算：平均薪資 × 完成任務 ÷ 任務額＝應得薪資。

按照上面的例子來計算，當一個業務代表完成四十萬的銷售，那麼應該得到的薪資就是六萬元。這種薪資制度去繁就簡，讓每個業務代表清楚知道可以拿多少錢。不僅能充分鼓勵優秀的業務人員，並且可以讓濫竽充數的業務人員混不下去。

（五）達標高薪制

顧名思義，這是一個達到標準可以拿到高薪資的薪資制度，對於業務人員來說，有一個頂點可以衝刺，這個頂點並非遙不可及，應當讓10％左右非常有能力的業務人員拿到。這樣才能激發更多的業務人員向目標衝刺。

某銷售公司採取達標高薪制，給業務代表開出的薪資是每月三萬五千元，銷售人員必須達到一百萬的銷售業績才能拿到這三萬五千元的薪資，業務代表平均距離一百萬元中間的差距，按照8％扣除，譬如完成了八十萬，實際薪資只能發放兩萬八千元。

具體發放方式有一個數學公式可以計算：

最高薪資－（最高任務額－實際任務額）× 制定百分比＝應得薪資。

這裡的「制定百分比」非常關鍵，應略大於（最高薪資 ÷ 最高任務額）× 百分之百的值。

（六）階段評鑑制

該薪資制度採取的也是底薪＋提成制度，也是常規按月發薪資，但有一項季度考核指標，採取季度總結考核的方式。操作方式是每月發放薪資的時候，提成不完全發放，譬如提成只發放3％，剩下的5％要到三個月後，按照總業績是否達標進行綜合評鑑，然後再發放三個月的累計提成薪資。

該方式能有效杜絕業務人員將本應該完成的業績滯後，或提前預支下個月的業績，並且有效減少有能力的業務人員做不滿三個月就離職的情況發生。對於業務人員來說，每三個月都有一筆不少的「額外」薪資，相當於一年多發了四次薪資，從心理的暗示效應來

說，對業務人員也是一種不小的鼓勵。

當然，薪資制度遠遠不止以上六種，無論哪種薪資制度，留住人才並且讓企業可持續發展才是最終目的，對於一個企業來說，絕對沒有給業務人員發高了薪資或者發了低薪資一說，只有發對了薪資或沒有發對薪資之分。

當然，對於一些人才流動性大、業務人員普遍對薪資怨聲載道、員工普遍缺乏工作熱情的企業來說，適當變化一次薪資制度，也不失為一種行之有效的方法。

正面臨失業的高薪上班族職位

高薪人才是職場上的佼佼者，令人羨慕；但是佼佼者的勝利是暫時的，他們也會遇到危機。事實上，隨著職場對高級人才要求的不斷提高，一些高薪人才已經面臨了潛在的職業發展危機。

高薪族恐慌，你是否也在其中……？

技術含量偏低的高薪職位，如人事經理、行政經理、高級祕書等，其高薪是前些年「泡沫經濟」的產物，也是前些年職場上人才總量偏少的緣故造成的；重複性較高的工作，譬如某些銀行裡從事結匯、單證的人員；僅掌握單一技能的高薪者，如電腦工程師、翻譯等職位的高薪者；隨著電腦化程度的增強，大大降低了工作的複雜性、風險度和難度，財務經理、生產經理、倉儲經理、品管經理等職位中原本很複雜的一道道工序逐步被電腦替代。即使對處於技術含量較高的高新技術領域中的高薪一族來說，沒有先進的核心技術也有可能被淘汰。薪資拿到四萬的職業經理人如果脫離了企業，

第九章　不可拒絕的「薪資」之癢

在職場上一定能找到同樣薪資的工作嗎？

哪類高薪族正在面臨失業危機？

（一）面臨失業之 —— 專業技術缺乏競爭力的人

案例：李小姐前年被一家企業高薪聘請為高級祕書，這令她的親朋好友大為羨慕，也讓她自己得意了好長時間。可是，企業的經濟效益在近兩年並沒有很大提升，總經理也在考慮削減不必要的開銷。李小姐的薪資跟著下跌了不少，一時心理上很難接受。除了祕書，她也沒有別的什麼特長，逐漸感到職業危機已經到來。

分析：李小姐成為高薪一族有一定的偶然性，是在特定的市場需求下造成的，這種需求其實是不穩定的。她的專業技術含量不高，又沒有別的專長，一旦市場需求發生改變，就會因為缺乏應對能力而導致身價不保。因此，應該注意分析職位的市場發展前景，既看到今天的需求，也要根據它的發展態勢估計到明天的狀況，並且因人而異的累積新的職業競爭力，化被動為主動。即使環境發生變化，也能夠有力應對，化不利為有利，然後找到新的職業成長點。

（二）面臨失業之 —— 專業技術跟不上職場要求的人

案例：在鄉下長大的張先生獲得了資訊科技碩士學位，消息一經傳開立即成為當地村民茶餘飯後的熱門話題，張家每個人都與有榮焉，張先生也很為自己取得的成績感到無比的驕傲。他順利在大城市找到了自己的位置，在一家 IT 企業做工程師，薪資頗為豐厚。但是，工作後他漸漸自滿起來，工作的幹勁少了，學習新知識、新技術的熱情沒了，每天只是完成工作。而這個時候，公司新招了一個同等學力的新人，論專業技術，他絲毫不比張先生差，而

且他還考了高級工程師的證照；論工作幹勁和學習熱情，他絕對是更勝一籌。張先生也感到競爭的壓力在逐步加大，但是很難再迎頭趕上了，上司越來越器重他的對手，最後他被迫辭職。

分析：張先生專業與職業結合得很好，找到了在大城市發展的基點。但是高薪、高職位讓他驕傲自滿，他以為只要憑藉自己的專業知識就能勝任日常工作，就能永遠保住既有的身價。於是，工作的幹勁少了，學習新知識、新技術的熱情沒了，而 IT 行業對從業人員的知識和技術要求是在不斷更新的，如果不能應對這種需求，那麼職業競爭力就會下降，結果被後來居上者打敗。

(三) 面臨失業之 —— 在同樣職位上做了三年的人

案例：王先生在親朋好友眼中是一個成功人士，高薪、高職、幸福的家庭，他都有了，但他仍舊不滿足於已經取得的物質上的成就。前一段時間房地產投資熱火朝天，他也大賺一筆。嘗到甜頭之後，他把更多的注意力都放在了投資理財上。一個偶然的機會，他認識了一家企業的總經理，對方極力慫恿他加入他的公司。雖然職位上沒有多大提升，而且對方企業的發展環境不如現在的企業，但對方提供的薪資實在讓他難以抗拒。經過一番思考後，王先生終於還是放棄了現在的工作。可讓他萬萬沒想到的是，對方的薪資只是口頭承諾，實際薪資待遇並不如原先承諾的那樣豐厚，而且新公司的環境讓他很不適應，這時他才大呼上當。

分析：王先生錯就錯在把高薪作為職業選擇的唯一條件。高薪是我們需要考慮的一個重要因素，但不是影響我們命運的關鍵性因素。選擇什麼樣的行業、選擇什麼樣的企業、選擇什麼樣的職位才真正決定了我們可以累積到多少職業發展年資，決定了這段職業經

歷是否可以為將來的職業發展提供最大可能的積澱。上述案例中的王先生在一個職位上做了三年，跳槽後仍然沒有職位上的提升，職業發展年資沒有實質上的提升，已經隱藏著很大的失業誘因。因此，一味追求高薪者，極有可能落入職業發展的陷阱。

（四）專家建議：職業競爭力法則 —— 三個契合度

我們在確定職業發展方向以後，不斷根據職場的要求更新自身的素養，當前高薪人才應該是掌握關鍵技術的專才、閱歷豐富的通才，既掌握相關技術、又熟悉市場經濟和國際規則的高級人才。提高職場競爭力，我們需要有這三個契合點：

（1）技能、專長、經歷與職位要求的契合度。

（2）專業資質和等級與職業要求的契合度。

（3）綜合素養與職業要求的契合度。

高薪為人們帶來暫時的物質和心理的滿足，但職業發展前景才是我們身價的保證。只有客觀的認識自己，找到明確的職業定位，才能找到合適的職業、在職位上累積年資，進而保證長期得到高薪又不使身價下跌。

三種高薪人士「拿了薪資如下地獄」

高薪族，這個令人羨慕的稱號，在這個功利的社會裡已經逐漸成為人們仿效的對象，拿著每月不斐的薪資、出入高級辦公室、衣著光鮮，他們怎麼還會有職業的苦惱，甚至發出了「拿薪資如下地獄」的感嘆，這究竟是怎麼一回事呢？我們來看下面三個故事。

故事一：陳先生，三十歲，大學畢業，大學主修是電子資訊技

術，畢業後在一家中型電腦公司任職。在前幾年 IT 業爆發的時間裡，他迅速成長為一名高級上班族，月薪五萬元，還有十幾名下屬跟著他，陳先生正可謂春風得意。然而沒有多久，IT 業已經不如過去獨領風騷，陳先生的身價便一落千丈。為了使自己多賺幾桶金，陳先生在朋友的鼓動下，跳槽進了一家外資企業做業務員，老闆當初承諾他月薪五萬元還有提成，計算一下陳先生的月收入可以達到七萬元。然而，事實並非陳先生所能預料，由於他以前從事的是電腦行業，對現在企業的業務流程一竅不通，在工作中困難重重，為了拉到客戶，陳先生挖空心思，從各處著手，不僅向親戚朋友推銷，而且走遍大街小巷，奔走於各種大小公司，每日早出晚歸，親戚朋友對陳先生這種地毯式的推銷再也招架不住，都快要下逐客令了，而辦公大樓的保全們見到陳先生也提高了警惕。雖然陳先生每天辛苦工作，但是每月的指標還是不能完成，老闆自然不會給他好臉色看，當初的諾言也化成泡影。陳先生為此特別苦惱，他很後悔以前魯莽的決定，「早知道現在業務員的工作這麼難，還不如當初不要跳槽呢？現在的工作根本不適合我」，這是陳先生的心裡話。

故事二：趙小姐，三十歲，大學畢業，主修企業管理。趙小姐性格內向，所以在畢業後經過學校推薦進入一家公司當祕書，主管知道趙小姐的個性，所以盡量安排一些文書處理的工作給她。趙小姐在五年的祕書生涯中一直平平淡淡，工作相當安逸，沒有來自生活的壓力，每月拿三萬元左右的薪資。然而許多事情並非人們所能預測，這家企業的主管退休了，換來了新的主管，他對趙小姐的工作並不認可，他希望他的祕書八面玲瓏，善於和別人溝通，這些要

第九章　不可拒絕的「薪資」之瘤

求和趙小姐的個性相差很大，為了保住這份工作，趙小姐只能硬著頭皮做，她不得不接待不同的來訪者，這對性格內向的趙小姐來說很難適應。趙小姐感覺到前所未有的職業壓力，她想重新找一份工作，在親戚的介紹下，她來到一家雜誌社工作，這是不是對性格文靜內斂的趙小姐是一個新的開始呢？非也，非也。雜誌社主要是刊登關於房地產的文章，趙小姐被安排在編輯的職位上，這樣就不用她來回奔波，也不用處理太多的採訪任務，應該很輕鬆，可是趙小姐拿著三萬多的月薪卻開心不起來，原因何在？由於趙小姐的專長不是中文，只是在大學階段學習過行政管理，離專業的編輯還有不少距離；與此同時，雜誌社主辦的是房地產雜誌，趙小姐覺得工作難度很高，為此她大吐苦水。

故事三：楊先生，三十六歲，財經學系畢業。從事會計十八年，月薪三萬五千元，他在一間企業裡工作多年，對財務的知識也相當豐富，像這樣的會計人才不是會身價一直看漲嗎？難道他還有職業上的問題嗎？事實證明情況並非如此，楊先生的職業生涯發生了戲劇性的變化，這家企業由於市場經濟的衝擊，產品生產不符合市場的需求，企業連年虧損，如此，這家企業再也支撐不住了。楊先生的工作也遭受到了重創，他失去了工作。不過，他對自己充滿信心，因為他相信自己的專業和經驗，憑藉他的本領要想找到一份會計的工作並不困難，但是人往高處走，誰不想透過跳槽一飛衝天呢？於是楊先生經介紹來到了一家公司應聘會計，月薪上升了不少。但是煩惱接踵而來，楊先生在做會計的時候還算順利，可是公司與不少外商企業還有生意上的來往，這就要求楊先生必須能看懂外語的帳目，這對三十六歲的楊先生來說，要想在短時間內掌握英

語幾乎是不太可能的事，更別提要做涉外會計的工作了，老闆雖然滿意楊先生的會計職務，但是隨著公司業務的拓展，會計職位的任職者必須要掌握涉外會計以及基本的英語，所以老闆也希望楊先生能夠盡快掌握這門技能，否則他也不得不忍痛割愛。現在雖然還拿著不錯的薪資，可是未來還能否保住這樣的數目，楊先生心裡不得而知。

對以上三個人的故事專家提出的觀點：

（1）故事中的陳先生屬於缺乏對行業產品的把握度。高薪族群之所以拿到令人羨慕的薪資，就在於他們對行業產品的把握度極高，通常這些人都非常熟悉公司產品的設計、生產、流通和銷售途徑，對行業產品的深度了解造就了他們在企業裡得心應手。此外，他們對同類產品的各種動態瞭若指掌，更加關鍵的是其對本行業高瞻遠矚，可以預測未來該產品的走向和趨勢，一切盡在他們的估計範圍內，這是獲取高薪的第一個因素。像從事軟體行業的高薪者本身都很了解此產品的開發和市場需求，這樣設計出來的軟體就會得到市場的認可，自己的價值也表現在這裡。陳先生當初能夠拿四萬五千元的月薪主要是他非常熟悉 IT 這一塊，他現在面臨的問題是由於他的盲目跳槽，他不知道自己為什麼起先風光無限的原因，對個人情況不了解，聽取了朋友的鼓動就跳槽去了自己不太了解的企業，在那裡他根本沒有優勢，自己的電腦才能沒有施展的空間，即使他有大學學歷和五年工作經歷，還是不能在那裡有發揮的餘地，身價怎麼能保得住呢？企業的業務員在一定程度上是有風險的，他們薪資的高低和業務是直接掛鉤的，接不到新的客戶就會拿不到承諾的薪資，陳先生如果繼續在電腦領域發展，還是會有很大的成

功，他目前拿著「如下地獄的薪資」正是由於缺少在另一行業的本領，只看到芝麻而丟了西瓜，得不償失。

（2）故事二中的趙小姐屬於職業氣質和職位不符合。做祕書本來就是為上級分憂解難的，一般都需要一定的交際能力，八面玲瓏也是祕書工作的一大要求。按理趙小姐性格內向，且文靜內斂，做一些文書工作還比較適合，但是當代祕書必須具備社交能力，讓一貫含蓄的趙小姐周旋於不同的人之間是很困難的。就像從事人力資源的人如果很害羞，一見到許多人就臉紅心跳，怎麼展開工作呢？人力資源的從業者一定是有親和力、善於溝通的，十分內斂，而不會像從事銷售的人員那麼東拉西扯、能說會道。每個職位都有各自不同的要求，職業氣質和職位的契合是很關鍵的，如果你的性格根本不適合做這一行，即使勉強維持，也不會取得職業的長久發展，趙小姐當初安定的生活和不錯的薪資全來自學校的推薦和主管的體諒，一旦這個外部條件發生變化，趙小姐就無力招架了。後來雖然進入了雜誌社，但是又出現了缺乏編輯和房地產兩方面的知識儲備，工作起來也是舉步維艱。在此提醒各位求職者的，是要想在工作中取得成就、獲得高薪，最要緊的是要發覺自己的職業氣質和工作職位是否契合，不然工作起來難度頗大，即使找到一份薪資不錯的工作，也不會發揮主觀能動性。

（3）故事三中的楊先生屬於缺少國際化知識。楊先生擁有專業的會計知識，又有十幾年的工作經驗，他離高薪只有一步之遙，為什麼他薪資上升的餘地不會太大，就是因為缺少了國際化知識，英語不過關在當今社會裡是萬萬不行的。現在的社會是一個國際化的社會，像英語、電腦、MBA 和演講技巧等能力對當代職業人顯得

越來越重要，如果當今工作者缺少了這些必備的數項職能，那麼獲取高薪就成了鏡花水月。掌握國際化的各項技能是目前乃至將來人才國際化的一種表現，越來越多的外商雲集，不會流利的英語及電腦操作、沒有出眾的口才，薪資自然不會有上升的空間。

為此，提醒各位想獲取高薪的人們，從現在開始為自己將來更好的職業生涯打算，把握好三大原則，時時充電，做到未雨綢繆，那麼一旦你想跳槽拿高薪，就不會再是一件困難的事情了。

升遷加薪 VS 生活品質

（一）市區部分上班族宣導「少賺錢多休閒」

蘇小姐是市區一家著名電腦公司的職員，負責銷售業務，幾年下來，憑藉聰明和努力，她每個月的薪資在三萬元以上。今年春天，公司的銷售經理升遷了，總經理提出由她來做銷售公司的經理，誰知卻被她婉言謝絕了。她對記者說：「如果當經理，我每月的薪資增加兩千元，可是我卻會失去更多東西，我寧願不要這兩千元，而維持一種生活品質。」

市區不少上班族對提升生活品質觀念發生變化，很多上班族寧願放棄高薪職位來換取更多的休息時間，從而達到一種「可持續發展」。少賺錢、多休閒，部分上班族的這種奇異「活法」，在留學歸來的上班族中尤為盛行。

另據電視台的「都市居民五年生活品質變化調查」，都市人最嚮往的生活從「經濟富裕」二十年來首次轉變為更偏重「身體健康，心情舒暢」可見，生活品質成為都市人越來越重視的一個指

標。但這種「少賺錢多休閒」的觀念與薪資階層一貫的工作目標顯然相悖。有人認為,「少賺錢多休閒」令工作失去目標,更別說能夠提升生活品質了。升遷加薪與生活品質真的有衝突嗎?記者就此採訪了當地二十位上班族,其中十一人認為蘇小姐的做法並不可取;四人表示佩服其做法,但自己卻做不到;其餘則覺得這是別人的事,不予置評。

拒絕晉升的例子並不是沒有,除了私人理由,大多會認為自己能力未夠,害怕晉升後工作壓力太大,但像蘇小姐這種標榜提升生活品質的理由,即使在國外也比較罕見。任何職業甚至職位都有其固定的作息時間,以蘇小姐為例,銷售經理的工作時間未必比銷售人員長,只是需要更強的統籌及管理能力。

升遷加薪表示了上級對員工工作品質的認同,亦是薪資階層積極投入工作的主因,正因為有了這種獎勵系統,工作的意義才被表現出來。生活品質講求的是自我心境調節,講求的是自身的心理素養,只要將日常的工作、休息與娛樂三者協調好,升遷或工作量的增加對生活品質造成的影響是非常輕微的。當然,生活品質較高的國家的居民都是生活較休閒、工作壓力較輕的,但這需要整個社會氛圍的配合,如果在競爭激烈的社會中不思上進,結果只會被淘汰。

(二)專家說法:關鍵要看自我調節能力

觀點對對碰

1. 李小姐,女,二十六歲

工作狀況:兩年,老師

月薪:三萬兩千元

生活品質自我評級：★★

我的生活水準比上不足比下有餘，我自己已經覺得滿意。但生活品質又是另一種概念，是一種心理素養。生活太過簡單沉悶是我感嘆生活品質不盡如人意的理由，平日上課，晚上改作業，假期約朋友逛街，生活永遠周而復始。工作好像就是為了儲蓄，而細心想一下，如此積穀防饑，人的一生其實很可悲。對於像我這樣生活過於規律的人來說，最佳的改善生活品質的方法便是旅遊。

評價「少賺錢多休閒」：★★★★

蘇小姐的生活方式，的確能令自己活得更加輕鬆，這種提升生活品質的生活方式是未來的大勢所趨。我本人亦認為工作太多不但令自己的壓力加大，而且會影響工作品質，合理的安排工作及休息時間的確能提升對工作的熱情。所以我從來都是避免擔任班導師，而且放棄學校額外安排的課程，雖然這些工作會增加自己的收入，但卻會降低我的教學品質。我會利用假期到各地去旅行，或者進行培訓學習，這種生活方式不但能令自己的身心放鬆，而且旅遊的經歷使我不僅能把書本上的知識帶給學生，還可以帶給他們更多的課外知識。

2. 董先生，男，三十二歲

工作狀況：八年，現任地產仲介公司分部主管

月薪：三萬五千元至四萬元

生活品質自我評級：★★★

我拿的薪資在同樣行業的薪資階層來說已算中上水準，工作的壓力也相對較大，但我卻有自己的一套減壓方法。我的宗旨是從來不會將工作情緒帶回家，而且每個月不會強迫自己將一定的金錢納

第九章　不可拒絕的「薪資」之癢

入儲蓄，有一句話說得很對：「花了的錢才是屬於自己的。」

評價「少賺錢多休閒」：★

我不認為蘇小姐的這種生活方式能夠提升生活品質，工作是整個生活的一部分，不能撇開工作談生活，要想純粹在工作之外的時間提高生活品質，那是不可能的。這個世界是非常現實的，工作不只是個人的事，決定很多事情都要看公司甚至整個社會的氛圍。

在某些歐洲國家，人們可以用九個月工作、三個月旅遊，但在這裡，你只要失蹤一個星期，便會有別人頂替你的位置。升遷加薪本來就是薪資階層的願望，我也不例外，即使自己真的不想，我想我還是會服從公司的安排，因為如果拒絕，除了令公司覺得你不識時務之外，還會讓人覺得你沒有上進心，往後即使能夠保持原有職位，工作也不會像以前順心。

小資料：何謂「生活品質」？

「生活品質」是一個源於西方的概念，由美國經濟學家加爾布雷斯在 1958 年提出。生活品質的本質是一種主觀體驗，它包括個人對於一生遭遇的滿意程度、內在的知足感，以及在社會中自我實現的體會。

據一家名叫威廉 · 默瑟的管理顧問公司對世界兩百一十五座城市的生活品質排名調查顯示，生活品質最高的前十一座城市中，有八座是歐洲中小城市，其中瑞士北部城市蘇黎世和奧地利首都維也納名列榜首，而一些世界大城市如倫敦、華盛頓、紐約的生活品質只是中等。

兼職薪資不完全搜索

買房、買車、還貸款；購物、逛街、高消費。現代人，特別是年輕人，常常抵禦不了物質消費的誘惑，但一份薪資有時用起來實在是捉襟見肘，職場中的「月光族」越來越多了。

當然，消極不是方法，聰明的職場人主動出擊，謀求新的賺錢途徑。於是，「兼職」脫穎而出，成了最受歡迎的業餘賺錢方式。

兼職不是件新鮮事，在海外也相當流行。歐盟最新公布的就業形勢報告顯示，目前歐盟範圍內共有三千萬人從事兼職工作，而且這一數字在未來還有不斷增加的趨勢；而近期的一份微型調查顯示，60%以上的職業上班族希望在工作之餘發揮餘熱，從事兼職。

然而，兼職似乎又離我們很遙遠：沒有暢通的兼職資訊、不知道各類兼職的市場價格、不懂得挖掘自身特長、對短期兼職的頻繁更換缺乏耐心……這裡，我們列出一些常見兼職的市場薪資行情，並對這些兼職所需要的職業能力進行描述，希望對想做兼職的求職者能有所幫助。

（一）商業實務類

1. 行政人員

兼職要求：行政人員類的兼職市場目前不是很大，大多數招聘兼職行政人員的公司都會要求兼職者每週上班兩天至三天，因此比較適合有較多自由支配時間的大學生或研究生。從事兼職行政人員者必須具備良好的文字運用能力和電腦辦公自動化操作能力，辦事靈活、仔細，且溝通能力良好。另外，兼職行政人員如果需要額外從事翻譯或整理文件等工作，薪資還會增加約 30%。

2. 文案（企劃）

兼職要求：文案類工作和普通行政人員不同，一般來說，是為兼職公司撰寫宣傳文案或產品廣告，也可能是為客戶公司撰寫形象類文章。需要兼職文案（企劃）的公司以房地產和廣告行業為主，主要工作是為銷售的商品（房地產或其他產品）寫廣告宣傳文案，這些工作「創意」性較強，故而需要兼職文案手有很強的企劃能力，富有創意、文字功底強，能寫得一手「美文」，同時也需要一定的相關行業知識。此類兼職形式靈活，一般每週去兼職公司「報到」一次即可。

3. 自由撰稿人

自由撰稿人是兼職中比較常見的一類，兼職薪資以稿酬計算，一般又可分三大類別：

（1）投稿人：

兼職要求：投稿人可以是讀者、行業專家等。投稿人需要有較好的文筆，了解不同媒體的版面風格。不同媒體給予的薪資可能會有差異。

（2）特約撰稿人：

兼職要求：特約撰稿人指媒體為某個版面的某個專欄特別邀請的作者。一般來說，媒體會選擇那些寫作風格與版面定位相契合的、有一定寫作能力與水準的投稿人作為自己的特約撰稿人，同時約定其寫作的主題、文章類型與篇幅。一般來說，特約撰稿人的薪資比普通投稿人略高，按篇計酬。

（3）專欄作者：

兼職要求：專欄作者是為報刊專欄提供稿件的長期從事文字工

作、有一定知名度的人。專欄作者的稿酬一般由作者本人與開設專欄的報社或雜誌社協商而定，數目頗豐，如果為一些知名媒體寫稿，稿酬更高。媒體選用專欄作者，除了版面本身的需要外，還希望以專欄作者的知名度來提升人氣，因此對專欄作者的要求除了文字通順外，還必須有一定的知名度和號召力，有一批擁戴者。專欄作者以提供言論、評論、雜文、小說等居多。如果專欄作者本身的「主業」就是報紙或雜誌的編輯，熟知某些特定領域，如房產、汽車、時尚、美食等，同時英語能力強，那麼就會更加「搶手」。

4. 會計統計

(1) 普通會計出納：

兼職要求：需要聘請兼職會計的公司大多為小企業。由於公司業務少，很難達到一個專職會計應有的工作量，因此為節約開銷，聘請有經驗的兼職會計人員是最好的方法。對兼職會計出納的要求，是熟悉財務會計工作流程，具有獨立出具會計報表及製作增值稅報表經驗。由於會計屬經驗累積型職業，因此一般對兼職者的年齡要求是三十五歲以上，有多年會計從業經驗，且熟悉各類相關法律、法規、政策。兼職會計的工作時間一般為每月月初五個工作日，或者每週平均兩個工作日。

(2) 財務（包括稅務）顧問：

兼職要求：財務稅務顧問的主要工作是幫助企業財務人員了解相關的會計、稅務、金融政策。兼職人員最好能有註冊稅務師、註冊會計師等資格證照。兼職財務顧問的薪資不定，一般由雙方協商，但比普通兼職會計的薪資要高。

(3) 財務顧問：

兼職要求：兼職財務顧問的主要工作是幫助企業解決財務疑難問題，資深的從業資格和良好的行業人脈是能否獲得兼職的關鍵。

5. 編輯

(1) 網路編輯：

兼職要求：網路的興起，使得兼職編輯職位應運而生。兼職編輯承擔的是撰寫網站文字、編輯專題和專欄、優化專題結構等任務。兼職編輯的薪資跨度很大，根據作業難度、作業品質不同有差異。有些行業網站還要求編輯熟悉行業專業知識，能及時搜尋資訊，向網站提供行業及市場的行業動態、市場分析等。一般有行業或新聞相關從業經驗者優先。

(2) 出版社編輯：

除了網路編輯，出版社也經常招聘特約編輯。一般要求有良好的文學功底，有編輯工作經驗，有和出版書籍內容有關的知識經驗背景。若是英語類書籍，則需要英語專業證照，有筆譯經驗，能從事翻譯書稿的審校工作。如果兼職編輯是在校學生，薪資可能有所減少。

(二) 社會服務類

1. 迎賓禮儀

兼職要求：迎賓禮儀的主要工作，是承當會展、演出、論壇研討會及公司形象宣傳活動的迎賓、接待、簽到工作。一般來說，兼職者的身高、體重、容貌、年齡和性別等有較高要求，而對學歷等則要求不高。年輕、形象氣質佳的女性比較受歡迎。由於對迎賓禮

儀者的需求僅僅是在有活動的時候，所以屬於短期兼職類型，以天計算薪資。

在一些比較上規模的會展或論壇上，對迎賓禮儀人員的要求可能相對較高，除了形象要求外，還需要有大學以上學歷，最好能英語口語流利，附加負責展會的翻譯、外賓接待等工作。當然，兼職薪資也會有所提高。

2. 現場促銷及派單

兼職要求：此類兼職按形式內容不同要求也不同。最基本的要求是年輕、五官端正、口齒伶俐，有相關工作經驗者優先。

3. 市場調查員

兼職要求：市場調查員的薪資一般按有效問卷的數量計算薪資。工作類型大致可分三類：

(1) 街頭或者固定地點隨機問卷調查。請街頭行人或特定地區、年齡、性別的族群填寫調查問卷並贈送禮物。由於調查對象面寬，隨機性強，且問題數量較少，填寫簡單，因此薪資相對較低。

(2) 要求市調員根據公司提供的被調查者（或被調查公司）電話進行問卷調查。

(3) 產品使用回訪調查。這一類調查需要對固定使用者做兩次訪問，調查員根據公司的特定要求聯絡調查者，並給予公司產品試用，一定時間後對產品進行回訪調查。

4. 打字排版

兼職要求：中文打字速度每分鐘六十字以上，英文打字速度每

分鐘一百五十字以上，兩者的錯誤率均小於千分之五。其他語種薪資相應提高。

5. 導遊

規模較小的旅行社對兼職導遊需求旺盛。兼職導遊分當地導遊和外語導遊兩種，兼職薪資有按月算和按天算兩類，如果是按天算，要求如下：

（1）當地導遊：

兼職要求：有豐富導遊經驗，持導遊資格證照，有兩年以上帶團經驗。

（2）外語導遊：

兼職要求：英語口語流利，能熟練運用旅遊英語，有英語導遊資格證照，有導遊工作經驗，有工作責任心。

（三）翻譯類

1. 筆譯

兼職要求：兼職者一般需要有英語專業證照，其他語種也應具有類似水準。同時還需要有良好的中外文運用能力，有翻譯經驗者優先。若翻譯專業性較強的稿件，則需要翻譯人員有相關專業的行業背景，薪資也有所增加，增幅在 20% 至 100%。若一次性翻譯字數在一萬字以上，每字薪資會相應減少。但如果是翻譯公司的兼職翻譯，也就是說兼職者不直接從客戶手中接得翻譯任務，而是由翻譯公司提供，則酬勞由翻譯公司支付，好處是比較固定，不用自己費時費力四處接案。

2. 口譯

兼職口譯一般有三種，薪資差距較大。

(1) 陪同口譯：

兼職要求：陪同口譯要求兼職人員的英語口語較為流利，懂得日常通用口語的翻譯，有口譯證照者即可勝任。

(2) 交替翻譯：

兼職要求：交替翻譯一般出現在較為正式的談話、會議、記者見面會等場所，要求兼職者有口譯資格證照、口語流利、有相關翻譯工作經驗、熟悉與會議主題相關的知識背景。若是能夠在專業性較強的場合從事口譯工作，薪資更高。

(3) 同步口譯：

兼職要求：同步口譯對兼職者的要求最高，一般需要經過特殊訓練、長期專門從事外語口譯工作的人員才能擔當。通常三小時的會議，詞彙量累計達兩萬多個，因此要求同步口譯人員具備在一分鐘內處理一百二十個單字的能力。除了外語功力外，同步口譯還要有流利、豐富的中文表達能力，有相當的社會知識和世界知識，對政治、經濟、文化各個領域要有一定的認知度。

(四) 電腦／網路類

1. 軟體發展

軟體發展類的兼職有很多，一些規模較小的公司通常會用兼職人員。軟體發展按照不同的開發任務、任務的難易程度，薪資之間差距很大。

2. 網路系統管理員

兼職要求：網路系統管理員就是從事電腦網路運行、維護的人員。依據企業的業務性質與規模不同，對網管員的工作要求也有較大差異。IT 系統規模較大的企業，由於分工較細，網路管理員可能只需負責機房的網路運行和維護；而一些小型企業，網路管理員除了上述任務外，可能要對設備進行管理，有些企業甚至要求網路管理員能進行一些簡單的網站建設和網頁製作等工作。一個合格的網路系統管理員最好在網路作業系統、網路資料庫、網路設備、網路管理、網路安全、應用開發等六個方面具備扎實的理論知識和應用技能，這樣才能在工作中得心應手。兼職網路管理員一般每週需要有一天的時間對網路進行維護，當然，若企業網路出現緊急問題，也要保證隨傳隨到。

3. 網站設計

兼職要求：網站設計製作是時尚流行的 IT 類兼職之一。根據網站建設的不同要求，兼職者薪資差距較大。

當然，也可以根據網站的形態分為以下四類：

(1) 一般模組：一般製作者可以根據百套網站範本選擇出較為合適的加以改良，製作較為簡單。

(2) 模組升級版：在模組的基礎上添加 HTML5 主頁，因此製作者要有 HTML5 等製作技能。

(3) 動態標準模組：這類網站擁有動態產品發表、產品搜尋、新聞發布、留言、會員等系統，功能較為龐大，不是根據範本就能製作，需要製作者運用各種軟體自行設計，滿足功能需求。這類網站製作一般需要數天

時間，因此薪資較高。

(4) 動態豪華型：這類網站功能更加強大，除了以上全部功能外，還擁有強大的電子商務系統、BBS 系統、郵件廣告系統、供求系統等等。因為是按照客戶的各種要求量身打造，設計製作耗時較長，因此薪資也迅速升級。

4. 電腦組裝

兼職要求：一般需要熟悉電腦市場各配件的品牌、型號和價格，為顧客選購電腦提供參考建議，然後組裝成電腦，並安裝作業系統和應用軟體。有時還需兼顧顧客的維修服務，為顧客購買的電腦解決死機、中毒等各種常見問題。兼職電腦組裝人員的工作時間較長，在週末或者節假日需求量較大。

5.3D 動畫

兼職薪資：薪資可按效果和時間來計算，一般來說，簡單的字幕和場景動畫加上物體、角色動畫，薪資會增加；如果涉及人物動畫或複雜的角色動畫，目前沒有透明的市場價格。

兼職要求：會 3D 動畫的高手鳳毛麟角。一般需要熟練操作 3ds Max 等軟體（電腦 3D 動畫軟體發展迅速，除 3ds Max 外，還有其他有特色的三維軟體，如 Rhino、Maya、Softimage 等），設計前衛大膽而有獨創性，能夠充分理解客戶需求，實現客戶的各種設計理念，能勝任展覽展示設計工作的要求。

除了以上四大類兼職外，還有教育培訓類和文化娛樂休閒類的兼職。文化娛樂休閒類有業餘歌手、飯店鋼琴演奏、健身教練、新娘祕書、司儀、結婚攝影、婚禮策劃師、外場主持人等；教育培訓

類包括國中課後輔導、高中課後輔導、鋼琴家教、其他技能家教等。這些兼職的薪資往往取決於經驗及「名氣」，較難統計。

　　以上是常見兼職薪資及各類兼職要求的不完全歸類，其實兼職薪資上下浮動非常大，更多時候取決於雙方的「面議」、取決於兼職者的「談判能力」。因此，從事兼職工作的人員在努力提高自己技能的同時，也要提高自己的談判能力，了解市場行情，盡量使自己在兼職活動中占得先機。